数学原来超好玩

李其森◎编著

文化发展出版社
Cultural Development Press

图书在版编目（CIP）数据

数学原来超好玩 / 李其森编著． — 北京 ：文化发展出版社有限公司，2019.4

ISBN 978-7-5142-2573-0

Ⅰ．①数… Ⅱ．①李… Ⅲ．①数学—青少年读物 Ⅳ．①01-49

中国版本图书馆 CIP 数据核字（2019）第 043868 号

数学原来超好玩

编　　著：李其森

责任编辑：侯　铮

总 策 划：白　丁

产品经理：李　雪

出版发行：文化发展出版社（北京市翠微路 2 号）

网　　址：www.wenhuafazhan.com

经　　销：各地新华书店

印　　刷：河北鹏润印刷有限公司

开　　本：787mm×1092mm　1/16

字　　数：158 千字

印　　张：16.25

版　　次：2019 年 5 月第 1 版　2019 年 5 月第 1 次印刷

I S B N ：978-7-5142-2573-0

定　　价：39.80 元

本书若有质量问题，请与本公司图书销售中心联系调换。电话：010-82069336

前　言

著名数学家华罗庚曾说过："宇宙之大，粒子之微，火箭之速，化工之巧，地球之变，生物之谜，日用之繁，无处不用到数学。"这句话道出了数学在生活和实践应用中的普遍性与重要性，特别是在21世纪的今天，数学的应用更是无处不在，甚至可以说生活中处处都有数学，因此也可以毫不夸张地说：数学能力是检验一个人整体才能的试金石。

随着科技的发展，人们选择娱乐的方式越来越多样化，但是在19世纪，那是一个没有网络和手机的年代，人们最重要的一项休闲娱乐活动就是玩数学谜题，因此也诞生了一大批专门致力于开发趣味数学谜题的数学家。比如英国最伟大的趣题设计家与娱乐数学家亨利·杜德尼、美国趣味数学的创始人和奠基者萨姆·劳埃德、德国著名数学家伯恩哈德·黎曼……他们将数学融入生活，用自己的聪明智慧创造了一道道妙趣横生的数学谜题，从而改变了人们的思维习惯，在当时引领了一场思维革命。

为了能够让数学谜题爱好者和大师们的距离更加贴近，重拾解谜时的那份乐趣，我们采撷出大师留下的经典数学谜题中的精华，并改编成国内的场景，更适合国人阅读的语言风格，希望它能够更好地启发你的数学灵感，活跃你的思维，帮助你发现数学的乐趣，让你能够更自由地畅游在数学的海洋中。

本书共包括算术和代数、点线和距离等四大板块，精选了三百余道经典的数学谜题，将图形、逻辑、计算等方面的理论融入生活中，并配有多张插图，让单调的数字不再枯燥无趣，每道谜题都配有详细答案，不管你对数学谜题的爱好是深是浅，也不管你的数学能力是高是低，我们都希望你能够通过这本书感受到数学的独特魅力，从而爱上它。

想一想，你有多久没有放下手机，静下心来让自己的大脑运动一下了？整天为了学习、生活而机械地忙碌着，是不是感觉自己的思维已经有些僵化？赶紧拿起这本书，让自己的脑细胞迅速活跃起来吧！

目录

第1章 超好玩的烧脑数字谜题

001 分糖果 ……002
002 少了一元钱 ……002
003 善良的人 ……002
004 一对好朋友 ……003
005 体重谜题 ……003
006 自驾旅行 ……003
007 四对表兄妹 ……004
008 天平上的物品 ……004
009 标准竞赛马的买卖 ……004
010 爬旗杆的蜗牛 ……005
011 便利店谜题 ……005
012 投票谜题 ……005
013 数字和平方 ……006
014 爬山谜题 ……006
015 花了多少钱 ……006
016 甜品店的顾客 ……006
017 抛硬币谜题 ……007
018 时间谜题 ……007
019 相遇的火车 ……007
020 买病狗 ……008
021 乘法谜题 ……008
022 奶牛谜题 ……008
023 珠宝箱谜题 ……009
024 牛奶的重量 ……009
025 鸡蛋的价格 ……009
026 工资涨幅谜题 ……009
027 乒乓球比赛 ……010
028 分期付款 ……010
029 众人的拥抱 ……010
030 紧急的约会 ……011
031 特价促销 ……011
032 卡牌游戏 ……012
033 卖鸡趣题 ……012
034 神奇的数字 ……012
035 买糖果 ……013
036 奇偶数谜题 ……013
037 调皮鬼的年龄 ……013
038 鱼有多长 ……013
039 疲劳的赶路者 ……014
040 时钟谜题（一） ……014
041 时钟谜题（二） ……014
042 损失了多少 ……015
043 门禁谜题 ……015
044 找零钱 ……015
045 分面包 ……016
046 工人的工钱 ……016
047 五袋苹果 ……016
048 有15个孩子的家庭 ……017
049 神枪手打靶 ……017

050 相亲会 ………………………… 017
051 招待朋友 ………………………… 018
052 有多少只小猪 ………………………… 018
053 买雪糕 ………………………… 018
054 两辆自行车 ………………………… 019
055 三个人的游戏 ………………………… 019
056 以物换物 ………………………… 019
057 旷工谜题 ………………………… 020
058 赛狗比赛 ………………………… 020
059 买苹果 ………………………… 020
060 丈夫的年收入 ………………………… 021
061 奇妙的数字 11 ………………………… 021
062 年龄之谜 ………………………… 021
063 精品西服店里的骗局 ………………………… 021
064 头疼的便利店店主 ………………………… 022
065 度假的大学生 ………………………… 022
066 孩子们买糖果 ………………………… 022
067 除法谜题 ………………………… 023
068 赌徒的游戏 ………………………… 023
069 鸡蛋、鸭蛋和鹅蛋 ………………………… 023
070 买肉 ………………………… 024
071 股份分配 ………………………… 024
072 两头小羊崽 ………………………… 024
073 丢失的巧克力 ………………………… 025
074 农户的牛 ………………………… 025
075 觅食的蚂蚁 ………………………… 025
076 争吵的商户 ………………………… 025
077 工友的早餐 ………………………… 026
078 第一次见面 ………………………… 026
079 平方数谜题 ………………………… 027
080 往返谜题 ………………………… 027
081 遗产分配 ………………………… 027
082 慈善捐助 ………………………… 028
083 神奇的乘法 ………………………… 028
084 计算选票 ………………………… 028
085 移动面粉 ………………………… 029
086 出租耕地 ………………………… 029
087 合伙的生意 ………………………… 029
088 农户儿子的游戏 ………………………… 030
089 降价的鞋子 ………………………… 030
090 数字排列 ………………………… 031
091 夫妻的年龄 ………………………… 031
092 守财奴的谜题 ………………………… 031
093 快递柜里的包裹 ………………………… 032
094 数字组合 ………………………… 032
095 面粉的价格 ………………………… 032
096 五个孩子的年龄 ………………………… 033
097 懂礼仪的幼儿园 ………………………… 033
098 赛跑 ………………………… 033
099 错误的旅游路线 ………………………… 034
100 方块内的数字 ………………………… 034
101 掷骰子游戏 ………………………… 034
102 三个糖果箱 ………………………… 034
103 面包店店主和乞讨者 ………………………… 035
104 神奇的分数 ………………………… 035
105 小姨的年龄 ………………………… 035
106 错误的答案 ………………………… 036
107 沙包打娃娃 ………………………… 036
108 打高尔夫 ………………………… 037
109 车费问题 ………………………… 037
110 教育金谜题 ………………………… 037
111 耕种谜题 ………………………… 038

112 乘积相同的两组数字 …… 038
113 两根蜡烛 …… 038
114 难分的遗产 …… 039
115 生日礼物 …… 039
116 会议上的分歧 …… 039
117 菜市场买菜 …… 040
118 养殖户的谜题 …… 040
119 两个跑步爱好者 …… 040
120 乘积之和谜题 …… 041
121 替换广告牌 …… 041
122 分土地 …… 041
123 时间谜题 …… 042
124 送报谜题 …… 042
125 慈善家 …… 043
126 平方数 …… 043
127 牛羊马 …… 043
128 情侣表 …… 043
129 网络写手的年龄 …… 044
130 土地面积 …… 044
131 捉野鸡 …… 044

第2章 出人意料的距离与点线迷宫

132 圆桌谜题 …… 048
133 玩具赛车谜题 …… 048
134 业务员的客户 …… 049
135 叔侄玩游戏 …… 049
136 英国国旗 …… 050
137 花苗谜题 …… 050
138 数位移动 …… 051
139 农闲时的游戏 …… 051
140 单数和双数 …… 052
141 铺设燃气管道 …… 052
142 移动茶包 …… 053
143 国王的谜题 …… 053
144 数字卡片 …… 054
145 八个字母块 …… 055
146 调换杯子 …… 055
147 三组字母贴纸 …… 056
148 碟子里的苹果 …… 056
149 石子游戏 …… 057
150 忙碌的快递员 …… 058
151 单词拼写 …… 058
152 地牢里的囚犯 …… 059
153 画图谜题 …… 060
154 将军的箭楼 …… 060
155 弹珠跳跳跳 …… 061
156 父子移硬币 …… 062
157 巡警的巡查线路 …… 063
158 过桥谜题 …… 064
159 九枚硬币 …… 064
160 火烧战船 …… 065
161 古镇旅游 …… 066
162 寄存的快递 …… 066
163 果园里的树 …… 067
164 圆与直线 …… 067
165 十只被困的小猫 …… 068
166 旅游景点 …… 069
167 十块蛋糕 …… 069
168 吵架的三兄弟 …… 070
169 骑行爱好者 …… 071

170 字母谜题 ···················· 071
171 商人的谜题 ················· 072
172 方块和硬币 ················· 073
173 茶砖堆放 ···················· 073
174 上班线路 ···················· 074
175 树木移动 ···················· 075
176 爸爸的连接谜题 ············ 075
177 爱情谜题 ···················· 076
178 难挪的家具 ················· 077
179 硬币谜题 ···················· 078
180 鸡蛋摆放 ···················· 078
181 三子连一线 ················· 079
182 为富不仁的富豪 ············ 079
183 五角星谜题 ················· 080
184 农户的玉米秆 ·············· 080
185 狗和猫 ······················· 081
186 拼图作业 ···················· 081
187 对称的花朵 ················· 082
188 红十字会的救助 ············ 082
189 木棍组合 ···················· 083
190 分家 ·························· 084
191 十只狗 ······················· 084
192 切割月牙 ···················· 085
193 新足球 ······················· 086
194 昂贵的布料 ················· 086
195 切大饼 ······················· 086
196 土地分割谜题 ·············· 087
197 幼儿园老师的谜题 ········· 088
198 封闭的空间 ················· 088
199 正方形拼图 ················· 089
200 画星星 ······················· 089
201 妹妹的方巾 ················· 090
202 农户的难题 ················· 091
203 两根晾衣绳 ················· 091
204 十字架谜题 ················· 092
205 哥哥的谜题 ················· 092
206 奇怪的图形 ················· 093
207 平分生日蛋糕 ·············· 094
208 圆锥谜题 ···················· 094
209 小储物箱 ···················· 095
210 分割三角形 ················· 095
211 两个一样的十字架 ········· 095
212 木板拼接 ···················· 096
213 七只羊 ······················· 096
214 小面包谜题 ················· 097
215 八根小木棍 ················· 097
216 裁剪布料 ···················· 098
217 正方形谜题 ················· 098
218 养殖户的猪圈 ·············· 099
219 两个正方形 ················· 099
220 树和羊 ······················· 099
221 木板谜题 ···················· 100
222 狗舍的门 ···················· 101
223 花园的面积 ················· 101
224 布料店老板的谜题 ········· 101
225 马蹄铁谜题 ················· 102
226 印度飞饼 ···················· 103
227 螺旋谜题 ···················· 103
228 方巾谜题 ···················· 104
229 数三角形 ···················· 104
230 草坪谜题 ···················· 105
231 实习老师的谜题 ············ 105

232 分割谜题 …………………… 106
233 心灵手巧的人 ……………… 107
234 火车站谜题 ………………… 107
235 切割木头 …………………… 108

第3章 “没有不可能”的魔方与棋盘

236 脾气暴躁的人 ……………… 111
237 跳过数字卡片（一） …… 111
238 跳过数字卡片（二） …… 112
239 五人挪硬币 ………………… 112
240 魔方谜题爱好者 ………… 113
241 格子里的硬币 …………… 114
242 老师与学生 ………………… 114
243 黑白棋游戏（一） ……… 115
244 黑白棋游戏（二） ……… 116
245 硬币的旅程 ………………… 116
246 扑克牌魔方 ………………… 117
247 金板上的宝石 …………… 118
248 五角和一元 ………………… 118
249 应聘者遇到的谜题 ……… 119
250 国际象棋棋盘 …………… 120
251 滑雪比赛 …………………… 120
252 数字之和变 15 …………… 121
253 两组卡片 …………………… 122
254 纸条变魔方 ………………… 122
255 趣味移卡片 ………………… 123
256 棋子的移动 ………………… 123
257 数字卡片魔方 …………… 124
258 36 张字母卡片 …………… 125
259 最爱双数的人 …………… 125
260 减法和除法魔方 ………… 126
261 地牢营救（一） ………… 126
262 地牢营救（二） ………… 127
263 巧妙移棋子 ………………… 128
264 分糖果 ……………………… 129
265 八枚小红花 ………………… 129
266 有关四枚硬币的谜题 …… 130
267 笼子里的狗 ………………… 131
268 蚂蚁的旅行 ………………… 132

第4章 不可思议的其他数学问题

269 员工的福利 ………………… 134
270 公交车上的对话 ………… 134
271 难解的木棍谜题 ………… 134
272 董事长排座位 …………… 135
273 过河的夫妻（一） ……… 135
274 过河的夫妻（二） ……… 135
275 还剩多少硬币 …………… 136
276 走楼梯 ……………………… 136
277 涂魔方 ……………………… 136
278 土财主的三个女儿 ……… 137
279 家庭聚会 …………………… 137
280 四人军棋大赛 …………… 137
281 枪声谜题 …………………… 138
282 多米诺骨牌谜题 ………… 138
283 糖果盒里的糖 …………… 138
284 饮料和水（一） ………… 139
285 饮料和水（二） ………… 139

286 中式台球比赛 …… 140
287 十桶啤酒 …… 140
288 烧脑的骰子游戏 …… 141
289 今天是星期几 …… 141
290 游戏室里的谜题 …… 141
291 阿里巴巴窃宝 …… 142
292 等距的五枚硬币 …… 142
293 游戏卡片 …… 142
294 速滑比赛 …… 143
295 圆球摆放谜题 …… 143
296 一样的土地 …… 143
297 羽毛球比赛 …… 144
298 扑克牌谜题 …… 144
299 链子的谜题 …… 145
300 办公室的人数 …… 145
301 受伤的足球运动员 …… 146
302 分蜂蜜 …… 146
303 拿错的手机 …… 147
304 围栏移动 …… 147
305 九张扑克牌 …… 147
306 分酒谜题（一） …… 148
307 分酒谜题（二） …… 148
308 逃离古堡 …… 148
309 吹口哨 …… 149
310 小猪进猪圈 …… 149
311 数数字 …… 150
312 神奇的计算 …… 150
313 打猎 …… 151
314 飞进盒子里的鸟 …… 151
315 汽车租赁 …… 151
316 拓展训练 …… 152
317 过河谜题 …… 152
318 卡片间的距离 …… 152
319 卖鲜牛奶 …… 153
320 升降谜题 …… 153
321 忙碌的送奶工 …… 154

答案 …… 155

第1章

超好玩的烧脑数字谜题

001 分糖果

除夕前一天，三个小朋友收到了一大包糖果，为了考考他们，长辈们决定让他们按照年龄的比例来分配这包糖果。三个小朋友的年龄加起来是17.5岁，糖果包里一共有770粒糖果，要是小明拿了4粒糖果，那么小红只能拿3粒糖果，如果小明拿了6粒糖果，那小刚就会拿到7粒糖果。那么，请算一算这三个小朋友的年龄分别是多少岁？他们会各自分到多少粒糖果呢？

002 少了一元钱

小明的妈妈让小明出去买3袋白糖和4袋盐，并给了他31元钱。小明来到小超市，突然改变主意，想留出一些钱给自己买雪糕，于是把钱递给店主并对他说："给我拿4袋白糖和3袋盐。"店主接过钱数了数，说："可是还少1元钱啊。"小明说："那就买3袋白糖和4袋盐吧。"那么，一袋盐和一袋白糖的价格分别是多少呢？

003 善良的人

一个善良的人在一条步行街上遇到三个乞丐，遇到第一个乞丐时，他拿出自己口袋里的钱的一半外加一块钱施舍给乞丐，遇到第二个乞丐时，他施舍了口袋里剩下钱的一半外加两块钱，最后施舍给第三个乞丐剩下的钱的一半外加三块钱，这时他只剩下一块钱了。那么，你能准确算出这个善良的人口袋里最初有多少钱吗？

004 一对好朋友

明明和丽丽是一对好朋友，一天，明明对丽丽说："通过计算，我发现7年后我们的年龄相加之和等于63。"丽丽听了以后，说："真巧，我昨天也计算了一下，发现当你的年龄是我现在的年龄时，你的年龄是我那时年龄的2倍。"那么，你能算出明明和丽丽的年龄现在分别是多少岁吗？

005 体重谜题

李颖是一位二胎妈妈，一天，她抱着两个孩子站到体重秤上，发现三个人的体重之和是170斤，如果李颖的体重比两个孩子的体重之和多100斤，并且小儿子的体重要比大儿子轻60%。那么你能算出三个人的体重分别是多少吗？

006 自驾旅行

一家大型企业组织员工出去旅行，为了增加乐趣，他们选择租赁小巴车自驾游。出发的时候，每辆车上的人数是相同的，但是很不幸，行驶到中途，小巴车坏了10辆，只能在剩下的每辆车上再加上1个人。当旅行结束，他们返程的时候，却发现又坏了15辆小巴车，因此每辆车要比出发时再多加3个人。下面请你算一算，这家企业到底有多少员工参加了这次自驾游？

007 四对表兄妹

在一家幼儿园里，有四对表兄妹分32个苹果，丽丽拿了1个苹果，莹莹拿了2个苹果，欢欢拿了3个苹果，小霞拿了4个苹果，明明拿的苹果和表妹的一样多，小刚拿的苹果是表妹的2倍，小勇拿的苹果是表妹的3倍，小冰拿的苹果是表妹的4倍。那么请问，这八个小朋友谁和谁分别是表兄妹呢？

008 天平上的物品

在一个天平的两端放上一些物品，一端放12枚相同大小的大枣，一端放1个苹果和3块相同大小的糖，天平保持了平衡。接下来在天平一端放1个苹果，另一端放1块糖和8枚大枣，天平仍然维持平衡。下面的问题是，在天平的一端放1个苹果，需要放多少个大枣才能够维持天平的平衡？

009 标准竞赛马的买卖

一个赛马大亨为了能够在赛马比赛中取得好的名次，花了大价钱买了两匹标准竞赛马，后来由于他经营不善，公司面临倒闭，他不得不把两匹马转卖，换来钱用作公司运营。两匹马一共卖了493680元，一匹马他赔了10%，另一匹马他赚了12%，所以在整个买卖中他赚了2%。那么你能计算出他每匹马卖了多少钱吗?

010 爬旗杆的蜗牛

一个小蜗牛爬上一根长20米的旗杆，它每天白天努力地向上爬，能爬3米，可惜到了晚上它休息时，又会向下掉落2米。等到蜗牛爬到旗杆顶端后就开始下滑，白天下滑的速度和向上爬的速度一样，而晚上也和之前下滑的速度一样。那么上下全程蜗牛一共要用多少天才能完成呢?

011 便利店谜题

一位顾客走进一家便利店，拿出60元钱对售货员说："你好，请给我拿几瓶价格为2元和1元的矿泉水，1元矿泉水的数量是2元矿泉水的6倍，多余的钱帮我拿几瓶价格为2.5元的矿泉水。"售货员略加思考，就准确地拿出了所有的矿泉水。如果你是售货员，知道该拿多少瓶矿泉水吗?

012 投票谜题

一家公司展开岗位竞聘，23个人竞聘9个岗位，每个投票者可以为其中的9位或者更少的竞聘者投票。如果你是一名投票者，算一下你有多少种不同的投票方法?

013 数字和平方

3025是一个神奇的数字，把它从中间分开，变成30和25，相加之和是55，而55的平方则是3025。下面试着找出由4个不同数字组成的四位数，然后从中间分开，得出3025那样的结果，看看有多少个。

014 爬山谜题

在大山深处有一个文学爱好者，每个月他都会翻越大山去邮局领取稿费，由于腿脚不太好，他上山的速度比较缓慢，是每小时1.5千米，下山的速度就比较快了，是每小时4.5千米，来回两段路程需要6个小时完成。那么你能算出从山底到山顶到底有多远吗？

015 花了多少钱

一个人到集市上购物，买了3件物品后，口袋里的钱就只剩一半了，剩下的钱的零头刚好和他最开始所带的钱的整数部分在数字上是一样的，而剩下的钱的整数部分和他刚开始所带钱的零头的一半在数字上是一样的。那么，他带了多少钱，又花费了多少呢？

016 甜品店的顾客

一间甜品店的老板决定在跨年前夜，拿出价值1200元的甜品免费回馈25名老顾客，以往单身来这里的女顾客平均消费18元，单身来这里的男顾客平均消费30元，如果是情侣来这里，往往会点得多一些，平均消费126元。如果按照平均消费来计算，老板将能分别回馈多少名单身女顾客、单身男顾客和情侣顾客呢？

017 抛硬币谜题

假设你的手里有5枚一元的硬币，如果将它们同时抛出去，那么至少出现4个正面或者4个反面的概率有多大呢？

018 时间谜题

一个老板很喜欢开玩笑，一天上午，一名员工在电梯里碰到他，于是问："老板您好，我手机没电了，您能告诉我现在几点了吗？"老板看了一眼手表，略加思索后说："现在的时间是从午夜到现在这段时间的四分之一，也是从现在到午夜这段时间的一半，你自己算一算吧。"如果你是这名员工，能准确算出现在的时间，给老板一个惊喜吗？

019 相遇的火车

有两辆火车分别从北京开往上海和从上海开往北京，它们在各自的始发站同时出发，途中相遇后分别经过1个小时和4个小时到达终点站。那么速度快的火车要比速度慢的火车快多少呢？

020 买病狗

一个人在狗市花了260元买了一条狗，养了一段时间后发现这是一条病狗，我们姑且不去追究这个人是如何忽悠和欺骗的，总之他把这条病狗以600元的价钱卖出，你一定以为这个人赚了340元，可是当他把买狗粮的钱算上以后，发现自己竟然赔本了，所赔的钱正好是买这只狗的钱的一半再加上买狗粮花费的1/4。那么请你计算一下，这个人究竟赔了多少钱？

021 乘法谜题

如果用51249876乘以3，得到的答案是153749628。同样，用16583742乘以9，得到的答案是149253678。仔细观察你会发现，被乘数和乘数包含了从1到9这9个数字，且只包含一次，答案也都包含了从1到9这9个数字。现在考验你的时候到了，试着选择6作为你的乘数，然后组合剩下的8个数字，让最后得出的答案包含从1到9这9个数字。你能做到吗？

022 奶牛谜题

一位养殖户养了两头奶牛，一天，他决定把奶牛出售，最终两头奶牛卖了21000元，一头奶牛他赚了10% 的利润，另一头奶牛却亏损了10%，好在最终他还盈利5%。请你算一算，这两头奶牛的进价各是多少？

023 珠宝箱谜题

一个人有很多珠宝，分别放在9个珠宝箱里，每个珠宝箱里的珠宝数目都是一个平方数，而且1、2、3号箱中的珠宝数是按照数字顺序递增的，4、5、6号箱以及7、8、9号箱也是如此，但4号箱和5号箱不必比7号箱重，7号箱和8号箱也不必比6号箱重，1号箱里面的珠宝不会超过12枚，所以我们要想算出每个珠宝箱里有多少珠宝，就必须找到9个平方数，使得1、2、3号箱，4、5、6号箱，7、8、9号箱是三组等差数，且各组的差相等。请根据提示，开动脑筋算一算吧。

024 牛奶的重量

假设一桶牛奶的重量等于3/4桶牛奶加上3/4斤的砝码，那么你能计算出一桶牛奶的重量是多少吗？

025 鸡蛋的价格

一个人去小超市买鸡蛋，一打鸡蛋是12个，挑选完鸡蛋后这个人付款12元给老板，因为是熟客，老板又送给他两个鸡蛋，这样每打鸡蛋的价格就比当初的要价降低了1元。你知道这个人到底买了多少个鸡蛋吗？

026 工资涨幅谜题

一家公司有两名新入职的职员，公司老板对两个人承诺的年薪是5万元，每半年支付一次，每年的薪水以1万元的幅度上涨，甲同意了这个工资方案，乙则提出了反对，他请求老板以每半年2500元的速度给他涨工资。那么在五年内，你知道谁拿到的总工资更多吗？

027 乒乓球比赛

一座城市举办乒乓球比赛，比赛规则是单场淘汰制，每场比赛的胜利者进入下一轮，失败者则直接被淘汰，最终获胜者将与上届冠军进行最后的比赛。假设共有16人参赛，每名参赛者必须连赢5场比赛才能获得冠军，并且每名参赛者获得冠军的概率是均等的。请你算一算，参赛者在这次比赛中获得冠军的概率有多大？

028 分期付款

千东想买一处房产当婚房，可是手里的现金不够，于是他和开发商约定，先首付10万元，然后每年年底再支付10万元，一共支付5年，其中包含了买房的费用和利息，千东和开发商约定的是每年利息为5%。那么这处房产的实际售价是多少呢？

029 众人的拥抱

一个绅士举办了一场酒会，参加酒会的有绅士夫妇，另外六对夫妇，一个丧偶的男人，三个寡妇，十二个单身的小伙子，还有十个单身的女孩。酒会中有一个主题是大家互相拥抱，但是男性不能和男性拥抱，已婚的男性不能和妻子以外的已婚女性拥抱，所有的单身小伙子都和单身的女孩拥抱了两次，丧偶的男人没有和任何人拥抱，寡妇之间也不能互相拥抱，每一个拥抱都得到回应，这种双向行为算一次拥抱。那么在这个主题中，参加酒会的人一共拥抱了多少次呢？

030 紧急的约会

李明一直很喜欢同事小芳，经过苦苦追求，小芳终于答应与他约会。为了考验他，小芳让他在第二天正午以后骑自行车赶到约会地点，约会的时间是下午五点，经过计算李明发现，如果他每小时骑15千米，他将提前一个小时到达约会地点，如果他每小时骑10千米，那么他将迟到一个小时。请问李明究竟要骑多少千米呢？

031 特价促销

一家商场搞特价促销的活动，所有的商品都比平时便宜2元钱，一位女士花了130元买了一些盘子。第二天商场恢复原价，这位女士按照正常价退了盘子，然后换购了碗和小碟。因为一个盘子的价钱等于一个碗加一个小碟的价钱，第二天这位女士买回来的物品比原来多了16件，又因为每个小碟3元钱，所以她买的碟子要比碗多10个。那么这位女士在头一天花的130元能够买多少个碗呢？

032 卡牌游戏

甲和他的一个小伙伴一起玩卡牌游戏，他们把卡牌叠在一起后放在地上，谁扇翻的卡牌多，被扇翻的卡牌就归谁。游戏开始时，两个人拥有相同数量的卡牌，在第一局游戏中，甲赢了20张卡牌，但是在后面的几局里，他却输掉了手中2/3的卡牌，结果甲的小伙伴拥有的卡牌数变成了他的4倍。下面请你计算一下，在游戏开始前，甲和他的小伙伴各自拥有多少张卡牌？

033 卖鸡趣题

一个人养了一群鸡，等鸡能够出售的时候，陆续有人过来买鸡，由于卖了很多钱，这个人非常高兴，晚上请朋友吃饭，朋友问他一共养了多少只鸡，他想考考朋友，于是说："你猜一猜吧，甲先过来买走了这群鸡的一半加半只，乙又过来买走了剩下的三分之一加三分之一只，接着丙买走了剩下的四分之一加四分之三只，接着老主顾丁上门买走了剩下的五分之一只，我还另外送他五分之一只，现在我还剩19只鸡，你说我一共养了多少只鸡？"他的朋友算了一会儿，给出了正确答案。你知道是多少吗？

034 神奇的数字

数字48非常神奇，48+1=49，刚好得到一个平方数（7的平方），48/2+1=25，同样得到一个平方数（5的平方），而这样神奇的数字有很多，请尝试着找出其中最小的三个数字吧。

035 买糖果

一个小朋友走进一家便利店，拿出1元钱买糖果，店主给了他5粒糖果，小朋友说店主还应该给他1/6粒糖果，店主却认为如果再给小朋友1粒糖果，他将多拿到5/6粒，他们都是正确的。那么用30元能买多少粒糖果呢？

036 奇偶数谜题

1、3、5、7、9全部是奇数，它们相加得到的答案是25，而2、4、6、8全部是偶数，它们相加得到的答案是20，现在重新组合这两组数字，在保证不出现负数、假分数和循环小数的前提下，使两个新组合的数字相等。

037 调皮鬼的年龄

小勇是一个调皮的孩子，一天他转学到一所新学校，班主任问他今年多大了，小勇没有正面回答，而是调皮地说："我的年龄是妈妈现在年龄的1/4，4年后，我的年龄将是爸爸年龄的1/4。我还有一个姐姐，我出生时，她的年龄是妈妈年龄的1/4，她现在的年龄是爸爸年龄的1/3。老师你能算出来我现在的年龄吗？"如果你是老师，你能准确地算出来吗？

038 鱼有多长

吴刚买了一条鱼，他用尺子量了一下，鱼头长9厘米，鱼头加上半个鱼身的长度是鱼尾的长度，而鱼头加上鱼尾的长度刚好是鱼身的长度。那么这条鱼到底长多少厘米呢？

039 疲劳的赶路者

在古代，一位官员的随从甲受官员的委托，骑马从 A 地出发，把一封信送到 B 地，而官员的另一位随从乙带着一箱黄金从 B 地出发赶往 A 地，两位随从在路上相遇，甲这时已经比乙多走了18千米，两个人分别后，又过了13.5小时，甲到达 B 地，而乙则用了24个小时才到达 A 地。假设两个人都是匀速前进，那么从 B 地到 A 地有多少千米呢？

040 时钟谜题（一）

三个时钟在同一天都被设置成中午12点，然后安放在火车站内。第二天中午12点，三个时钟有一个时间是准确的，其他两个时钟一个走快了一分钟，一个走慢了一分钟。在它们的时间都没有被调整过来的前提下，请问多久以后，它们才会再次同时指向12点？

041 时钟谜题（二）

如果一个时钟敲打6下需要6秒钟，那么你能推算出这个时钟敲打11下需要多少秒吗？

042 损失了多少

有一对姐妹在菜市场有两个相邻的摊位，她们都卖橘子。一天，她们进了相同数量的橘子，只不过姐姐的个头大一些，卖一元两个，妹妹的个头小一些，卖一元三个。卖了一会儿后，妹妹有事要先走，于是委托姐姐把剩下的橘子卖掉。为了方便卖出，姐姐把所有橘子放在一起，以2元5个的价格出售。晚上妹妹回来后，姐妹俩开始分配收入，这时她们发现少了7元钱。如果平分这笔收入，请问姐姐会损失多少钱呢？

043 门禁谜题

如图所示，一名库房管理员有10间库房的门禁，他把它们拴在一个钥匙链上，并分别标上序号，下面移动这些门禁，组成三组数字，要满足第一组数字乘以第二组数字刚好等于第三组数字。你能做到吗？

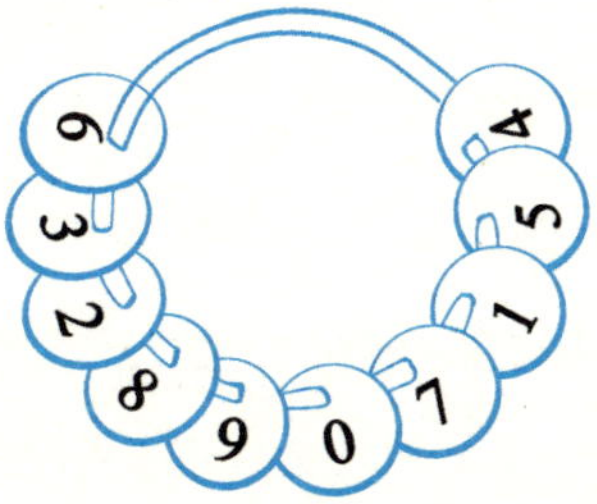

044 找零钱

在看这道谜题时，先要了解1美元等于100美分，1角硬币等于10美分。在美国的一家便利店，有一位顾客购买了34美分的物品，付款的时候，他发现自己只有一张1美元的纸币、一个3美分的硬币和一个2美分的硬币，而收银员只有一张0.5美元的纸币、一张0.25美元的纸币，排在后面的一位顾客正好有两个1角、一个5美分、一个2美分和一个1美分的硬币。那么收银员该如何找零呢？

045 分面包

有三个小伙伴一起出去玩，玩到中午的时候他们都感觉饿了，但是谁也不想回家，于是到便利店买面包。甲买了4个面包，乙买了7个面包，丙没有买面包，而是拿出11元钱支付给甲和乙，这样他们就花了相同的钱。那么，甲和乙应该如何分这笔钱呢？面包的价格又是多少呢？

046 工人的工钱

一个人准备翻盖祖屋，于是雇用了一批工人，粉刷工和油漆工的工钱是11000元，油漆工和水暖工的工钱是17000元，水暖工和电工的工钱是11000元，电工和木工的工钱是33000元，木工和瓦工的工钱是53000元，瓦工和油漆工的工钱是32000元。那么你能算出每个工人需要支付多少钱吗？

047 五袋苹果

一个果农委托朋友帮他去农贸市场卖五袋苹果，却忘记了称重，朋友随意地把两袋苹果放在一起称重，得到的重量分别是110斤、112斤、113

斤、114斤、115斤、116斤、117斤、118斤、120斤和121斤。那么果农如何通过这些数字算出每袋苹果的重量呢？

048 有15个孩子的家庭

国外有一对夫妻竟然生了15个孩子，而且每两个孩子的年龄都相差1.5岁，吉米是最大的孩子，汤姆是最小的孩子，吉米的年龄要比汤姆的年龄大7倍。那么，你能算出吉米的年龄是多少吗？

049 神枪手打靶

如图所示，一个神枪手开始打靶，请你计算一下，他需要打出多少发子弹，才能够让自己的总分达到100分。

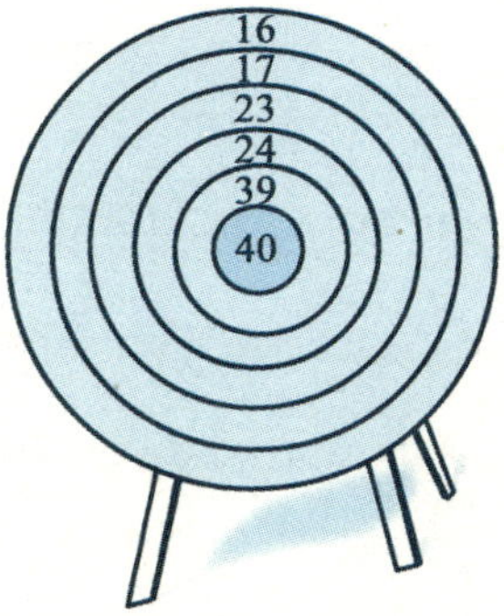

050 相亲会

在一次相亲会上，一共有9男9女参加，每个男孩手里都拿着4种不同颜色的玫瑰花，每个女孩手里都拿着一些巧克力。为了暖场，在相亲会开始之前，主持人让每个男孩都送一些玫瑰花给每个女孩，每个女孩也回赠一些巧克力给男孩们。暖场以后，每个人手里都拿着同样数量的巧克力和同样数量的4种颜色的玫瑰花，而且巧克力的数量也刚好等于玫瑰花的数量，那么一共有多少朵玫瑰花和多少块巧克力呢？

051 招待朋友

一个人学会了做比萨，于是想在朋友们的面前露一手，所以叫了11个朋友到自己家里做客。他先做好了4块水果比萨和4块鸡肉比萨，把它们拿上桌子让朋友们先品尝。其中有5个朋友喜欢吃水果比萨而厌恶鸡肉比萨，有4个朋友喜欢吃鸡肉比萨而厌恶水果比萨，另外两个朋友两种比萨都喜欢。那么一共有多少种招待其中8位朋友的方式呢？

052 有多少只小猪

一个养殖户遇到一个难题，如果他卖掉75头小猪，那么猪饲料还能多维持20天，如果扩大养殖，再买100头小猪，那么猪饲料就会提前15天用完。你能猜出现在他一共拥有多少头小猪吗？

053 买雪糕

一个人来到一家便利店，拿出100元对店员说："给我拿一些2元的雪糕和10倍数量1元的雪糕，剩下的钱全部买5元的雪糕。"如果你是店员，知道该给他各拿多少雪糕吗？

054 两辆自行车

有一个人买了两辆自行车，骑了没多久发现共享单车更方便，于是就把每辆车以600元的价格售出，其中一辆车亏损了20%，另外一辆车盈利了20%。那么他最终是亏损了还是盈利了呢？

055 三个人的游戏

三个小朋友一起玩游戏，用游戏卡做赌注，第一局游戏结束后，乙和丙赢了，他们的游戏卡都翻了一倍。第二局游戏结束后，甲和乙赢了，他们的游戏卡翻了一倍。第三局游戏结束后，甲和丙赢了，他们的游戏卡同样翻了一倍。所以，每个小朋友都赢了两局而输了一局，最后三个人手中的游戏卡完全相等，甲却输了100张游戏卡。那么在游戏开始前，三个人手里分别有多少张游戏卡呢？

056 以物换物

在原始社会，人们使用以物换物的方式，交换自己所需要的物资。假设85枚稀有的贝壳能够换1柄石斧和1枚宝石，而5柄石斧能够换12枚宝石，一个人和他的伙伴拥有很多稀有的贝壳，但是在换石斧还是换宝石的问题上他们产生了分歧，这个人认为如果选中的石斧要是能多一倍，那么他们拥有石斧和宝石的数量就能够达到17。但他的同伴却认为，如果把选中的宝石再加一倍，石斧和宝石的数量就能够达到19，而且他们的贝壳数量刚好够用来交换。那么，他们到底拥有多少枚贝壳呢？

057 旷工谜题

甲是一家企业的员工，每天工资是80元，企业规定旷工一天要罚款100元，发6月份工资的时候，甲竟然没有工资。那么请问甲在这个月工作了几天，旷工了几天？

058 赛狗比赛

在一个村庄一直流行着赛狗比赛，每场比赛只有一条狗参加，需要统计它跑完1千米花费的时间，最终跑得最快的狗获胜。为了体现公平，在1/4千米、2/4千米、3/4千米和终点分别设了4个裁判，在一场比赛中，评委们记录了一条狗奔跑的速度。在前3/4千米它花了$6\frac{3}{4}$分，前一半的路程和后一半的路程花费的时间一样，第三个1/4的路程与第四个1/4路程所花的时间一样。那么你能算出这条狗跑完1千米花费多少分钟吗？

059 买苹果

在一个水果批发市场里，一个采购者正在和卖苹果的批发商讨价还价，最终他买了100个苹果，少付了4元钱，这也让他每120元就能够多买5个苹果。那么，这个采购者到底花了多少钱买了这些苹果呢？

060 丈夫的年收入

一个家庭主妇对朋友说："我和丈夫已经结婚两年了，可是始终不知道他的年收入是多少，我只知道他有19万元的存款，是我无意中看到的。丈夫说他把年收入的1/3用于还房贷，一半用于家庭支出，还有1/9用于应酬花费。"听了家庭主妇的话，朋友简单地算了一下，就准确地说出了她丈夫的年收入。那么你知道她丈夫的年收入是多少吗？

061 奇妙的数字11

在0到9这10个数字中任意选出9个数字，然后找出能够被11整除且没有余数的最大可能的9位数以及最小可能的9位数。

062 年龄之谜

赵虎和陈伟是好朋友，而且都是二胎家庭，更巧合的是，四个家庭成员的年龄之和都是100岁，每个孩子年龄的平方加上母亲年龄的平方等于父亲年龄的平方。唯一不同的是，赵虎家的大儿子要比他的弟弟大1岁，而陈伟家的大女儿要比她的妹妹大两岁。那么问题来了，你知道两个家庭八个人的年龄分别是多少吗？

063 精品西服店里的骗局

有一个人到一家精品西服店买西服，他看中一套售价1500元的西服，买完以后他和店主商量能不能给他1000元现金，他通过转账的方式给店主2500元，店主的手机恰巧没电了，于是就让他转给隔壁店的店主，并让隔壁店店主找给他1000元现金。等那个人走了以后，隔壁店的店主突然发现钱并没有到账，于是要求精品西服店店主赔偿。第二天，精品西服店店主赔偿了隔壁店店主1000元，而西服的成本是1100元。那么请问，在这场骗局中，精品西服店店主一共损失了多少钱？

064 头疼的便利店店主

孙鹏开了一家便利店，这天一大早，他就被一位顾客弄得非常头疼，顾客先是要了几瓶水，然后又要了等于水的数量4倍的面包，接着又要了等于水的数量8倍的火腿肠，最后一共花费了324元，买进每件物品所花的钱数等于顾客买进这种物品的件数。那么这个顾客买了多少瓶水、多少个面包和多少根火腿肠？

065 度假的大学生

有七个大学生在暑假期间相约去旅游，等旅游结束后计算每个人的花费，发现其中六个人都花费了1200元，另外一个花得多一些，比七个人每个人的平均花费要多花420元。那么第七个人花了多少钱呢？

066 孩子们买糖果

有一群孩子拿着7元钱去买棒棒糖，这群孩子中男孩和女孩一样多，而棒棒糖分为三种，分别是一元钱一个、一元钱两个和一元钱三个，假设每个孩子拿到的棒棒糖种类和数量是一样的，那么你能算出每个孩子买了多少个棒棒糖吗？

067 除法谜题

有四个数字，分别是701、1059、1417和2312，用它们分别除以一个数字，使每个数字的余数都相同。这个数字是多少？

068 赌徒的游戏

有一个赌徒拿出一个骰子，对朋友说："如果我把骰子掷出后冲上的数字是123，就算是小，那么我赢；如果冲上的数字是456，就算是大，那么你赢。每次的赌注是我口袋里的钱的一半。"赌局开始以后，赌徒赢的次数和输的次数是一样的。那么最终赌徒是赢还是输呢？

069 鸡蛋、鸭蛋和鹅蛋

一个人去超市购物，看到鹅蛋五元一个，鸭蛋一元一个，鸡蛋一元两个，于是他花了100元正好买了100个蛋，其中两种蛋的数量是一样的。那么，你能计算出这三种蛋他各买了多少个吗？

070 买肉

一个商人去农贸市场进货，以24元每斤的价格买了一些羊肉，然后又以18元每斤的价格买了相同重量的牛肉。回到家后，他那个酷爱数学谜题的儿子经过计算对他说："如果你把买羊肉和买牛肉的钱平均分成两份，然后去买羊肉和牛肉，那么你就会多得到2斤的重量。"那么，这名商人进这批货一共花了多少钱呢？

071 股份分配

甲和乙合伙开了一家公司，甲投资的钱数是乙的1.5倍，后来丙感觉公司发展很有前景，于是决定入股，向公司注资25万元，甲和乙按比例分配完这笔资金后，三个人的股份刚好相同。那么甲和乙是如何分配这25万元的呢？

072 两头小羊崽

两个人去养殖场买小羊崽，养殖户挑选出来一大一小两头小羊崽，并告诉他们："两头小羊崽一共20斤重，小的比大的每斤贵2元钱。"于是，一个人拿出82元买了那头小的，另一个人拿出296元买了那头大的。请问两头小羊崽的重量各是多少？

073 丢失的巧克力

丽丽才8岁就有蛀牙了，但是她仍然十分爱吃巧克力。暑假的一天傍晚，她的妈妈下班后回家，发现藏起来的巧克力少了一半，于是马上把丽丽叫过来训了一顿，但是丽丽并不承认偷吃了巧克力。第二天，妈妈回来后发现巧克力又少了一半，第三天发现又少了一半，最后只剩下了一块巧克力，这让妈妈很恼火。如何阻止丽丽吃巧克力我们不去管，只是想请你算一算，最开始妈妈藏了多少块巧克力呢？

074 农户的牛

一个农户对朋友说："我将我养的牛任意分成不同的两部分，那么两个数字相减的结果等于两个数字平方后相减的结果，你知道我养了多少头牛吗？"朋友算了好久也没有算出来，那么你能算出来吗？

075 觅食的蚂蚁

有一群蚂蚁在觅食，其中1/5搬运米粒，1/3搬运面包屑，数量是这两者差数3倍的蚂蚁在搬运饼干渣，最后只剩下一只蚂蚁在偷懒。那么一共有多少只蚂蚁呢？

076 争吵的商户

在一条商业街上，有两家店铺相邻，一家卖糖果，一家卖布匹，虽然卖的物品不一样，但是两家却总是发生争吵。糖果店店主一分钟能称出2个1斤的糖果包，布匹店店主一分钟能裁出3匹1尺长的布，为了平息争吵，他们决定进行一场比赛，输家搬到其他地方经营。比赛内容是给糖果店店主准备一箱糖果，他需要称出48个1斤的糖果包，给布匹店店主一卷布料，他需要把它裁剪成48匹1尺长的布，但顾客不会管你是不是在比赛，他们随时会来买东西，因此两个人被顾客耽误的时间加在一起是9分钟。布匹店的生意火爆一些，因此店主被耽误的时间是糖果店店主的17倍。那么谁能首先完成任务，最终获得胜利呢？

077 工友的早餐

有一天，几名工友相约去吃早餐，在早餐店他们点了相同的食物，所以花费的钱是一样的，中途有两位工友因为有事先走了，却忘记结算自己的那份早餐钱了，最后结账时几个人一共花费了80元，其他的人因为要为先走的工友付款，所以每个人都要比自己应付的多拿两元钱。请问一共有多少个工友来吃早餐呢？

078 第一次见面

张龙和王文是一对好朋友，他们今年的年龄加在一起刚好是40岁。张龙回忆说："我们第一次见面时，我的年龄刚好是你的年龄的3倍，而你现在的年龄是我们那时年龄相加之和。"请问张龙和王文第一次见面时，他们的年龄各是多少？

079 平方数谜题

如图所示，把10个方块分别标上从A至J的字母，然后围成一个圆周。A和B中写上数字16和2，F和G中写上数字8和14，通过计算能够发现，$16^2+2^2=8^2+14^2=260$，下面以此类推，在剩余的方块中填写数字，让圆周上任意相邻的两个数字都能够满足上面的条件（总和不一定非得是260），填进去的数字不能出现分数，而且应该是个位数或者两位数。

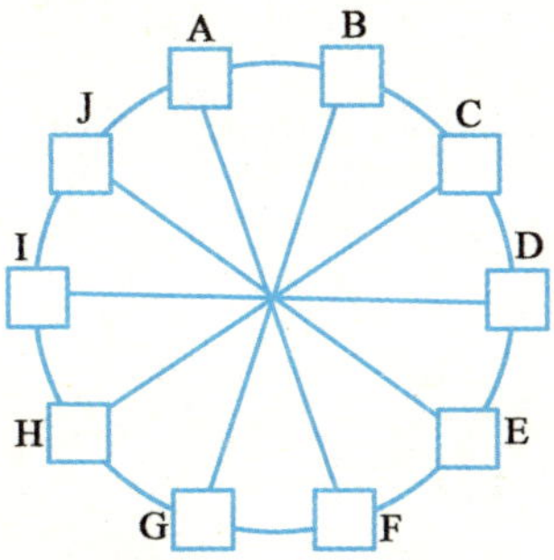

080 往返谜题

你骑着电动车外出办事，由于道路拥堵，最终以每小时10千米的速度到达目的地，当你返回的时候，由于交通变得顺畅，最终以每小时15千米的速度返回。现在请算一算，你的平均时速是多少？

081 遗产分配

有一个富豪重男轻女，结婚后他就留下遗嘱，如果妻子以后给他生了一个男孩，那么他死后，财产的2/3将留给儿子，剩下的1/3妻子将获得。

如果妻子给他生一个女儿，那么他死后，财产的2/3将留给妻子，财产的1/3留给女儿。没过多久，他的妻子给他生了龙凤胎。那么他死后，财产将如何分配呢？

082 慈善捐助

有一家面包店决定每周都给孤儿院分发660个面包，但是每周分发时，男孩和女孩的人数要不同，并且男孩和女孩的人数要大于1。通常情况下，女孩每人能得到18个面包，男孩每人能得到30个面包。那么请你计算一下，在满足条件的前提下，面包可以分发多少周？

083 神奇的乘法

$15\times93=1395$，$8\times473=3784$，通过观察能够发现，两个乘数包含的数字与乘积包含的数字是相同的，只不过调换了一下位置。那么还有多少组这样的数字，你能试着把它们全部找出来吗？

084 计算选票

一家大型企业开始竞聘总经理的职位，一共有4个竞聘者，企业一共有5219名员工，每位员工投一票，最终获胜者比其他三个竞聘者多得22张、30张和73张选票。那么你能算出4个竞聘者分别获得多少张选票吗？

085 移动面粉

一个粮油店店主和儿子在玩游戏，他在地面上摆放了9袋不同重量的面粉，如图所示，然后对儿子说："左边那三袋面粉斤数组成了两个数字7和28，它们相乘的结果是中间那三袋面粉斤数组成的数字196，右边那三袋面粉的斤数组成两个数字34和5，结果却是170，下面需要你尽可能少地挪动面粉袋，让左边和右边的面粉斤数分别形成一个两位数和一个一位数，它们相乘的结果等于中间面粉斤数形成的三位数。"粮油店店主的儿子很聪明，仅仅挪动几下就做到了，那么你能做到吗？

086 出租耕地

有一个村子里面的年轻人都外出打工，因此闲置了一些耕地，一个有经济头脑的人花了24300元买了一块耕地，然后分割成若干小块后出租给城里人耕种，出租的价格是每年1800元。把小块耕地全部出租后，这个人通过计算发现，他所获得的利润恰好是其中6小块地最初买价的价值总和。那么，你知道他一共把耕地分割成多少块出租吗？

087 合伙的生意

两个人合伙做生意，去其他城市进货，在路上，甲对乙说："如果把你的钱拿出来3/4，然后加上我的钱，就可以买15000元的货物，而你剩下的钱刚好够货物的运费和咱们往返的路费。”乙提出反对意见，对甲说：“把你的钱拿出2/3给我，然后加上我的钱，正好可以买15000元的货物，而你剩下的钱刚好够货物的运费和咱们往返的路费。”那么，往返的路费和货物的运费是多少呢？

088 农户儿子的游戏

有一个农户带着小儿子外出干农活，为了防止小儿子乱跑，他拿出50穗玉米和一个卷尺，对小儿子说：“不要打扰我干活，你在咱们耕地上做一个游戏，这里有50穗玉米和一个卷尺，你把所有玉米都排成一条直线，第一穗玉米和第二穗玉米之间的距离是1厘米，第二穗玉米和第三穗玉米之间的距离是3厘米，第三穗玉米和第四穗玉米之间的距离是5厘米，也就是相邻两穗玉米之间的距离以2厘米的速度增长，全部玉米都摆放完以后，你再把这些玉米全部捡起来，一次只能捡一穗，放进袋子里，袋子在第一穗玉米旁边，看看你需要多久能够完成。”小儿子很高兴地去玩了，他究竟要花多久来完成这个游戏我们不去考虑，我们需要计算的是小儿子把这些玉米捡起来放进袋子里需要走多少米。当然，小儿子从袋子处出发，以及摆放玉米时所走的路程可以忽略不计。

089 降价的鞋子

有一家鞋店因为经营不善面临倒闭，于是店主开始清仓大甩卖，原价

2000元的鞋子第一天降价到800元，第二天又降到320元，如果再降一次，就是这双鞋的成本价了。请问鞋的成本价是多少？

090 数字排列

如图所示，将从1到9的9个数字排列在方框里，我们发现第二行的数字（384）和第三行的数字（576）分别是第一行数字（192）的2倍和3倍，除此之外，还有三种排列方法能得出这样的结果，试着排一排吧。

1	9	2
3	8	4
5	7	6

091 夫妻的年龄

一个人问同事她丈夫的年龄是多少，同事说：“我丈夫的年龄比我大，他的年龄倒过来，刚好是我的年龄，我俩的年龄相减得出的结果刚好是我俩年龄相加得出的结果的1/11。”那么，这位女士的年龄和她丈夫的年龄分别是多少呢？

092 守财奴的谜题

在古代，有一个守财奴拥有一堆银子，分别是5两、10两和20两。他把它们藏在五个箱子里面，每个箱子里放的5两银子数目相同，10两银子数目相同，20两银子数目也相同。守财奴最爱做的事情就是把银子全部倒出来，然后一个一个地去数，有时候他把银子分成4堆，使相同两数的银子在各堆中的数目相等。有时他又会从4堆中随意选出2堆，然后把它们混在一起，重新分成一模一样的3堆，同样能够保证相同两数的银子在各堆中的数目相等。那么这个守财奴拥有多少银子呢？

093 快递柜里的包裹

一个人出差很久才回来，这时他发现一共有30个大小包裹被寄存在快递柜里，由于一次拿不了那么多快递，所以他先取走了一半小包裹和1/3大包裹，并为此支付了28元存放费。假设4个大包裹和5个小包裹的存放费是一样的，那么这个人要把剩下的包裹全部取回，需要支付多少存放费呢？

094 数字组合

把从1到9的9个数字组合成一个两位数和一个三位数，它们相乘的结果得到一个四位数，比如12×483=5796，每个数字不能重复出现。下面算一算还有几种组合方式，把它们列出来。

095 面粉的价格

粮油店老板以每袋30元的价格买了几袋普通面粉，又以每袋40元的价格买了同样数量的精品面粉，但如果他把所花的钱平均分配，去购买精品和普通面粉，就会比最初的分配多两袋面粉。那么粮油店老板一共花了多少钱呢？

096 五个孩子的年龄

在国外，有一个家庭有五个孩子，珍妮（女）的年龄刚好是汤姆（男）的2倍，吉米（男）和汤姆的年龄相加之和，刚好是珍妮的2倍，而婕西（女）和珍妮的年龄相加之和刚好是吉米和汤姆年龄相加之和的2倍，约翰（男）已经21岁，三个男孩年龄相加之和是两个女孩年龄相加之和的2倍。那么除了约翰，其他四个孩子的年龄分别是多少呢？

097 懂礼仪的幼儿园

有一所幼儿园一直教导学生们要从小懂得礼仪，每天早上进园后，每个小朋友见到其他小朋友和园长时都要敬礼。已知这所幼儿园女孩的人数是男孩人数的2倍，每天早上大家一共敬礼900次。那么，你能计算出这所幼儿园一共有多少孩子吗？

098 赛跑

在一场赛跑中，甲让乙先跑了27步，然后开始追赶他。乙跑8步所需时间与甲跑5步所需时间相同，甲跑2步的长度相当于乙的5步，那么甲追上乙需要跑多少步呢？

099 错误的旅游路线

孙刚开着车带着家人自驾游，他们从 A 地出发，准备前往 B 地，结果却走错了路线，来到了 C 地，C 地到 A 地比到 B 地近一些，C 地距离孙刚应该走的那条线路的垂直距离是12千米，等到孙刚一家到达 B 地后，发现一共走了35千米。假设每段路程的千米数都是整数，A、B、C 三段路程分别是多少呢？

100 方块内的数字

如图所示，想一想，图中方块内的数字该怎么样摆放，才能使它们组成一个刚好被7除尽的3位数？

3	1	6

101 掷骰子游戏

在一间酒吧里，一群人拿着三个骰子做游戏，他们轮流掷骰子，谁掷出的点数相加之和是7或者11，那他将成为赢家。如果你参加这个游戏，获胜的概率有多大呢？

102 三个糖果箱

一家糖果店有三个糖果箱，它们被摞在一起，每个箱子里的糖果数不一样，最上面的糖果箱与中间的糖果箱中的糖果数之差和中间的糖果箱与最下面的糖果箱的糖果数之差一样，如果任意两个糖果箱里的糖果数相加之和是一个平方数，并且每个箱子里的糖果数的数字之和相等，那么算一下每个糖果箱里所包含的糖果数的最小值是多少？再算一下糖果箱中糖果总数的最小值是多少？

103 面包店店主和乞讨者

有一家面包店的店主心地非常善良，他每周都会施舍一些面包给乞讨者。由于每周来的乞讨者有些多，面包店店主有一天暗示他们，如果每周来的人能够少5个，那么每个人将会多得2块面包。但是，第二周来的乞讨者不但没有减少，反而多了4个，导致每个乞讨者都少得了一块面包。假设每周面包店店主施舍的面包数量相同，那么你能计算出他每周施舍多少块面包吗？

104 神奇的分数

把从1到9的数字排列组合，每个数都用上且只用一次，变成6729/13458，它刚好等于1/2。那么你能按照要求把这9个数字全部用上且只用一次，使最终的数字等于1/3、1/4、1/5、1/6、1/7、1/8和1/9吗？

105 小姨的年龄

小明有一个小姨，当小姨夫的年龄是表妹小红年龄的6倍时，他们一家三口的年龄之和是70岁，而当小姨夫的年龄是小红年龄2倍的时候，他们一家三口的年龄之和将是140岁。那么，小姨现在的年龄是多少岁呢？

106 错误的答案

在一本数学参考书上，有一道题本应是$5^4\times2^3=$？，最终的答案应该是5000，然而由于出题老师的失误，把答案写成了5423。下面请你思考一下，按照题目给出的方式排列4个数字，有没有办法让出题老师即使再犯相同的错误，也能得到正确的答案呢？

107 沙包打娃娃

如图所示，在一家游乐场里有一项沙包打娃娃的游乐项目，娃娃身上被贴上了数字，摆放成三行，游戏参与者不仅需要用沙包把娃娃打下来，还需要让娃娃身上的数字相加等于50，符合要求的参与者能获得一个娃娃作为奖励。那么，你知道该打哪几个娃娃，它们身上的数字相加之和恰好是50吗？

108 打高尔夫

一个高尔夫球场有9个球穴，它们的距离分别是150码、225码、250码、275码、300码、325码、350码、400码和425码，假设每次轻击可以击出125码，每次猛抽可以击出150码，每次击球后，你都可以到球穴的另一边，用任意一种击法往回打，每次击球都是直接对着球穴的方向。那么请你计算一下，打完全场的9个球穴至少需要多少杆？

109 车费问题

甲乘坐出租车从 A 地到 C 地，往返一次车费为60元，在到达中途 B 地时，甲遇到了熟人乙，他也要到 C 地，于是甲让乙上了出租车，并答应返程时把他拉回 B 地。那么，乙应该平摊多少车费呢？

110 教育金谜题

在国外，一对夫妇为三个子女设置了教育金，子女们每年按照各自的年龄分配教育金。第一年，大女儿得到了所有教育金的一半，第六次分配时，二儿子得到的教育金比第一年少了100元，大女儿少了250元，小女儿得到的教育金是第一年的2倍。那么，你能算出来这对夫妇为三个子女每年设置的教育金是多少钱吗？

111 耕种谜题

一个人雇用了甲乙两个人来帮他耕种，报酬是5000元。为了体现公平，他把自己的地分为12行，甲用40分钟能够撒完1行种子，然后用40分钟覆盖完土，乙播种的速度比较快，撒完1行只需要20分钟，但是他覆盖土的速度比较慢，甲覆盖3行的时间乙只能覆盖2行。假设他们按照这样的速度把12行全部撒完种子并覆盖完土，那么这5000元该如何分配，才能让他们的报酬同他们完成的工作量成比例？

112 乘积相同的两组数字

如图所示，把从1到9的9个数字分别放在方框里，形成两组乘数，我们会发现158×23=79×46。那么，如何按照要求重新组合这9个数字，确保能得到相同的最大乘积呢？

1	5	8	7	9
2	3	4	6	

113 两根蜡烛

秦哥去便利店买了两根长度相同的蜡烛，店员告诉他一根蜡烛能燃烧4个小时，一根能燃烧5个小时。一天，家里停电了，秦哥点燃了两根蜡烛，等来电以后，他发现一根蜡烛剩下的长度刚好是另一根蜡烛剩下的4倍，那你知道停电多长时间吗？

114 难分的遗产

一个人的妻子去世了，第二天，这个人也因为伤心过度突然去世，留下100万元的遗产，几年前他就曾留下遗嘱，这笔遗产将按照1/3、1/4和1/5分别分给他的大儿子、小儿子和妻子，但由于妻子已经去世，这笔遗产将如何公平地分给两个儿子呢？

115 生日礼物

小明在过12岁生日的时候，希望妈妈送给他一辆自行车，但是妈妈却以他年龄太小为由拒绝了，并答应他，等到他再长大一些，当他的年龄是自己年龄的1/3时，就给小明买自行车。假设妈妈现在的年龄是45岁，那么小明在几岁的时候能收到妈妈给买的自行车呢？

116 会议上的分歧

一家公司召开董事会，由于对公司未来的发展规划产生分歧，部分董事愤而离席，董事长对剩下的人说：“如果再有一个人离开，那将会有2/3的董事离开。”一位董事说：“没那么悲观，如果我能把我的两位好友劝回来，那我们只有一半的董事离开。”那么，你能计算出一共有多少董事参加了董事会吗？

117 菜市场买菜

一对老夫妇去菜市场买菜，妻子花了15元买了一把空心菜和一把韭菜，丈夫买了一把豆角，所花的钱和妻子买空心菜的钱一样，然后他又买了几个土豆，刚好把他们带来的钱全部花完。在回去的路上，丈夫对妻子说："你的韭菜要比我的土豆贵一元钱，如果我们用买韭菜的钱去买其他的菜，让我买豆角的钱是你买韭菜的钱的1.5倍，那么我们两个人所花的钱就一样了。"那么，你能计算出这对老夫妇一共花了多少钱吗？

118 养殖户的谜题

有五个人一起合作开了一个养殖场，为了体现公平，每个人拥有一群相同数量的动物，每群动物由牛、马和猪组成。有一天，有八个收购商上门收购这些动物，经过协商，八个收购商买了相同数量的动物，每头牛支付17000元，每匹马支付4000元，每头猪支付2000元，五个人一共收到301000元。下面你试着计算一下，每种动物的数量分别是多少？

119 两个跑步爱好者

两个跑步爱好者相距一千米，他们各自向对方的起点跑去，甲借助顺风的优势，跑出来的速度是乙的2.5倍，因此比乙提前6分钟到达。那么甲和乙跑一千米各自需要多长时间呢？

120 乘积之和谜题

把1到9这9个数字每个数字都用一次，但是只能用一次，组成两组乘积相同的乘数，比如14×329和7×658，答案都是4606，乘积所有数字相加之和等于16。下面根据所举的例子，分别找出乘积之和最小和最大的两组乘数。

121 替换广告牌

在西城和东城有相同数量的广告牌，它们归一家公司管理。一天，这家公司派甲乙两个员工去替换广告牌内容，甲起得比较早，当乙来到西城时，甲已经替换了3块广告牌的内容。乙告诉甲他记错了，他应该负责东城的广告牌内容替换，于是甲又去东城工作，乙则在西城替换剩下的广告牌内容，当替换完所有广告牌以后，他又去东城帮助甲替换了6块广告牌内容，两个人才完成所有工作内容。现在的问题是，甲和乙谁替换的广告牌内容多，多了几块？

122 分土地

在古代，有一个财主在弥留之际，把孩子们叫到床前，准备把家中的土地分给他们。他对大儿子说："你觉得你能耕种多少亩土地，就分走多少亩，你的老婆将分得剩下土地的1/9。"接下来他又对二儿子说："你除了能分走和你大哥亩数一样的土地，还可以多分一亩，剩下土地的1/9将分给你的妻子。"接下来财主又对其他几个儿子说了相同的话，也就是每人分到的土地比他前面的兄长分到的土地多一亩，而他们的妻子则分得剩下土地的1/9，当最小的儿子分到土地以后，他的妻子已经没有土地可分了，于是财主拿出七个银元宝，对大家说："一块银元宝能买两亩土地，我希望你们分完银元宝以后，每家能得到价值相等的土地。"那么，这个财主有多少个儿子，又有多少亩土地呢？

123 时间谜题

老师在课堂上给同学们出了一道关于时间的谜题，他说："假设现在距离6点的时间是50分钟前表针走到3点的时间的4倍，那么现在距离6点还有多少分钟，谁答对了就可以去操场玩耍。"小朋友们都思考起来，如果你也是其中的一员，你能到操场上玩耍吗？

124 送报谜题

两个家庭承包了一家报社的地区发行站，甲乙属于1号家庭，丙丁卯属于2号家庭。一天，甲送出了当天报纸总数的四分之一外加一张报纸，丙则送出余下的四分之一外加一张报纸，乙接着送出余下的四分之一外加一张，丁则送出余下的四分之一外加一张。这时，1号家庭要比2号家庭多送出去100张报纸，剩下的报纸则由卯全部送完。下面请你计算一下，2号家庭最终送出的报纸要比1号家庭送出的多几张呢？

125 慈善家

一个村庄来了一位慈善家，他拉来了100袋大米，要把它们分给100个人，其中男人能够得到3袋大米，女人能够得到2袋大米，两个小孩分1袋大米，最终他把这些大米根据规定全部分完了。那么这个村庄有多少个男人、女人和小孩呢？

126 平方数

把从1到9这9个数字打乱顺序，每个数字必须出现且只能出现一次，那么，你能找出最小的平方数和最大的平方数分别是多少吗？

127 牛羊马

在草原上有一位牧民，一天，他带着一群牲畜去一块牧场放牧，他发现一匹马和一只羊在一起吃的草刚好与一头牛吃的一样多，如果这块牧场上的草一头牛和一匹马一起能吃45天，一头牛和一只羊一起能吃60天，一匹马和一只羊一起能吃90天，那么，牛、马和羊在一起吃，能够吃多少天呢？

128 情侣表

甲和女朋友有一对情侣表，一天他们对时间，发现甲的手表每小时要慢2分钟，女朋友的手表每小时要快1分钟，等过了一段时间他们再去看手表，发现女朋友的手表要比甲的手表整整快了1小时。那么，你能说出手表已经走了多长时间了吗？

129 网络写手的年龄

在一次网络文学大赛的颁奖典礼上，一位年轻的网络写手获得了一等奖，当颁奖嘉宾问他今年多大时，他却在现场开起了玩笑，他说："我今年的年龄与年龄的平方的乘积是四位数，年龄的平方的平方是六位数，这两个数刚好包含了从0到9的10个数字，而且没有重复的数字。"颁奖嘉宾反应很快，略一思考就答出了网络写手的年龄。那么，你知道他的年龄是多少岁吗？

130 土地面积

一个城里人体验生活，到农村租了一块地种植茶树，一年的租金是8000元，再加上若干斤茶叶。通过计算他发现，如果茶叶的价格为每斤75元时，就相当于每亩地的租金是700元，如果茶叶涨到每斤100元，就相当于每亩地的租金是800元。那么，这个人租了多少亩地呢？

131 捉野鸡

有五个好朋友相约去捉野鸡，等到准备回家时，大家开始清点每个人捉到的野鸡数。甲和乙一共捉到14只，乙和丙一共捉到20只，丙和丁一共捉到18只，丁和戊一共捉到12只，而甲和戊捉到的野鸡一样多。为了平分捉到的野鸡，丙把他捉到的野鸡和乙、丁的放在一起，然后分成三份，每个人各取一份，别的人也做着同样的事情，也就是丁和丙、戊组合，戊和丁、甲组合，甲和戊、乙组合，乙和甲、丙组合，组合完成后把捉到的野鸡分成平均的三份，三个人各取一份。让人感到奇怪的是，每次都能等分，并不需要把一只野鸡再分割成三份平分，在这五次组合再分配结束后，每个人分到的野鸡一样多。那么，你能计算出来每个人各自捉到了多少只野鸡吗？

第2章

出人意料的距离与点线迷宫

132 圆桌谜题

一家公司组织七名新入职的员工外出旅游，旅游的时间是十五天，每天晚上他们都会在度假村的圆桌吃饭。为了增进彼此的了解，一名员工提议，在这十五天的晚餐中，每个人都不能和同样的两个人坐邻座两次，接下来如何安排座位，就是这名员工的事情了。他该如何安排呢？

133 玩具赛车谜题

小刚是个赛车谜，同时也是一个数学谜题爱好者，这天，他又琢磨出一个数学谜题，并且想要考一考小伙伴们。小刚在一张纸板上画了一个图形，并标上英文字母，然后把八辆玩具赛车标上编号放置在方块格里，如图所示，小伙伴需要做的就是快速地挪动玩具赛车的位置，使1234号玩具赛车挪到上面去，5678号赛车挪到下面去，并且保持数字顺序不变。如果你是小刚的小伙伴，应该如何移动呢？

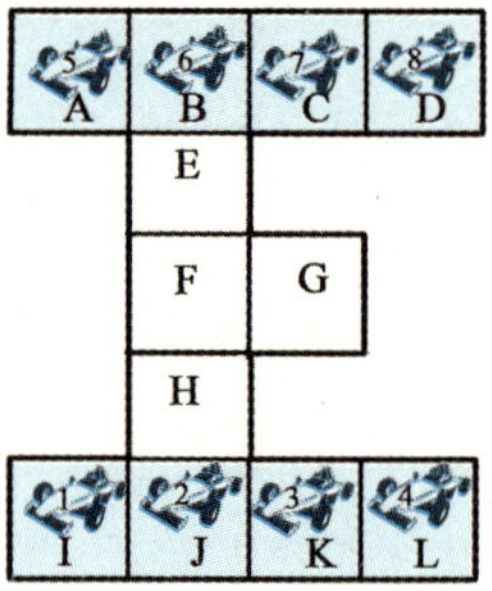

134 业务员的客户

如图所示，图中的方块表示一个业务员一周之内需要拜访的63名客户，连接方块的线则代表一条条道路，业务员从标蓝的住所出发，可以选择任意一个客户最后拜访，那么他该如何走，才能沿着15条直线，把所有客户都拜访一遍？需要注意的是，每个客户他只能拜访一次，而且最下面的两个客户之间是没有道路相通的。

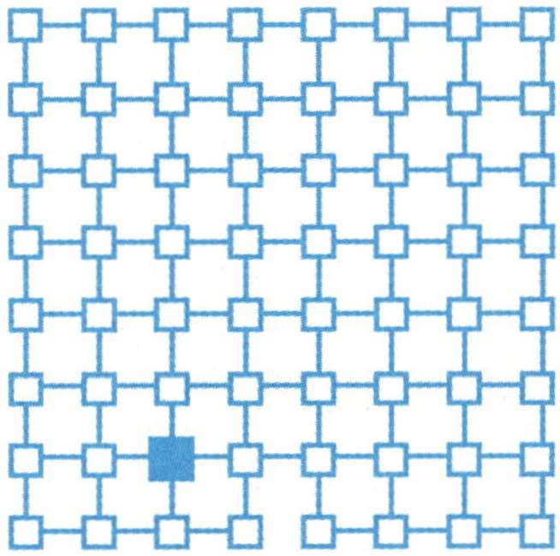

135 叔侄玩游戏

小林的叔叔是一个数学谜题爱好者，一天，小林到叔叔家里玩，叔叔买了一大堆零食，然后在一张白纸上画了一些字母，并用线连起来（如图所示）。他对小林说："单词 LEVEL 的中文意思是水平仪，下面我们就玩一个水平仪游戏，你看看这张图，能够拼出多少 LEVEL 这个单词，你首先从字母 L 开始，沿着直线走，朝任何一个方向都可以，但是不能跳过任何字母，如果你拼得足够多，这些零食就全是你的。"为了零食，小林拿起铅笔，开始尝试着拼起来。那你知道最多能拼出来多少 LEVEL 这个单词吗？

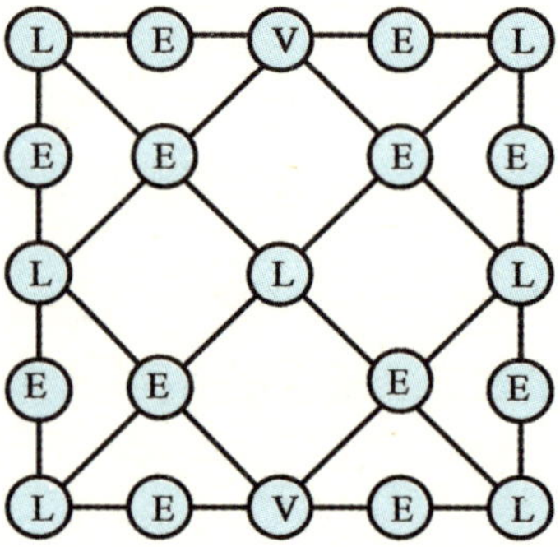

136 英国国旗

如图所示，这是一个小朋友随便画的图案，有人说它很像英国国旗的草图，不管它像什么，你只需要知道最少几笔能够画出这张图即可。记住，每一笔都不能间断，也不能返回。

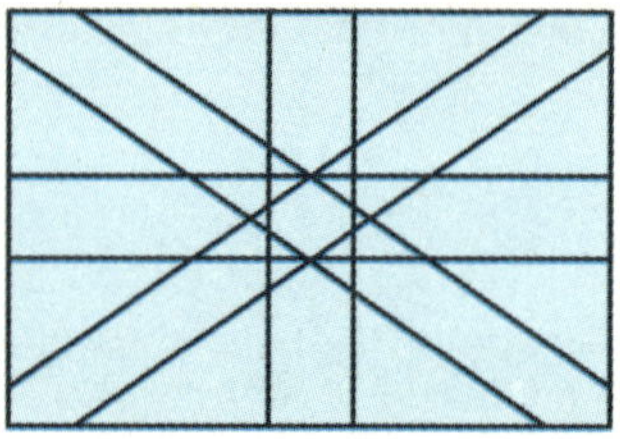

137 花苗谜题

有一个人想在自己的院子里移植21株花苗，并且他希望这些花苗能够排成12行，每行有5株花苗。现在请你想一想，这些花苗应该如何移植呢？

138 数位移动

如图所示，9张数字卡片中有8张位于指定的点上，现在有一个点是空着的，有一张数字保持不动，如果让你一次只能移动一张数字卡片，在17步之内按照数字顺序把这些数字卡片沿外圈排好，空出中间的点，你应该如何移动？保持不动的数字卡片又是数字几？

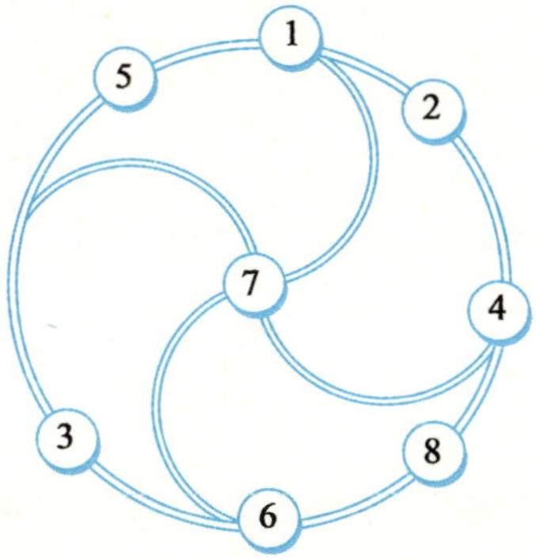

139 农闲时的游戏

在农闲的时候，有两个农户经常会琢磨出一些谜题来消磨时光。这天，他们又想到了一个谜题，如图所示，他们在地上画了16个方格，然后把10枚石子放进方格，使它们形成10行，每横行、竖行和斜行都算一行，每行所放的石子必须是偶数，但是一个农户觉得这并不是最多的偶数行，所以他把石子重新安排，想要找出最多的偶数行。那么，他该怎么摆放这些石子呢？

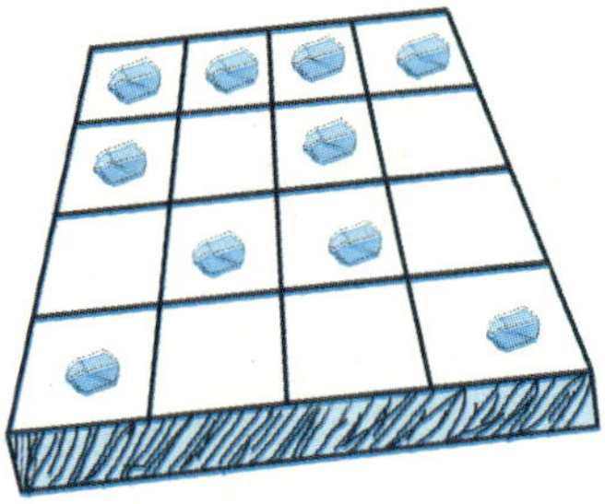

140 单数和双数

在一张纸上画10个空格，让它们形成一条直线，然后拿出8张数字卡片放置在空格位置上（如图所示）。每次移动相邻的两张数字卡片放置在空格处，然后让它们交换位置，接着再移动相邻的两张数字卡片，交换位置后放置在空格处……直到单数卡片在一起，双数卡片也在一起，最后仍剩下两个挨着的空格，你需要在5步之内完成。

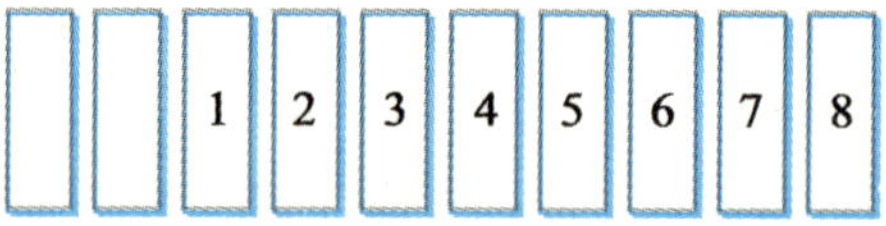

141 铺设燃气管道

燃气公司的人想要铺设几条燃气管道，如图所示，工作人员需要在W、G和E这三个地点铺设管道，接入到A、B和C三座房子里，管道之间不能交叉。请问工作人员该如何铺设呢？

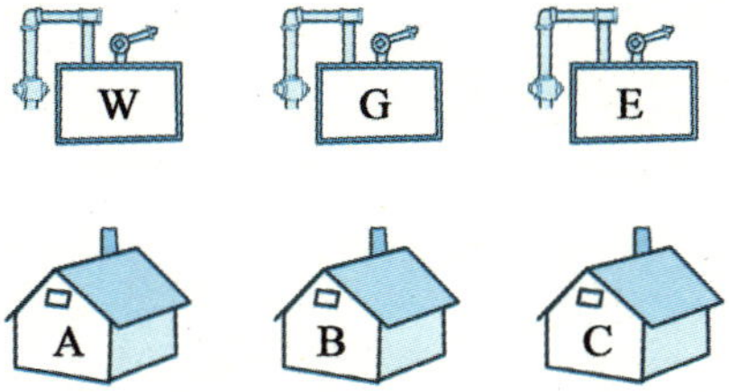

142 移动茶包

如图所示，有7个杯子并排摆放，2、3、4号杯子上面放着绿茶包，5、6、7号杯子上面放着红茶包，下面移动茶包的位置，使红茶包在左边，绿茶包在右边，7号杯上面没有任何茶包，需要注意的是，你最多只能移动10次。你能做到吗？

143 国王的谜题

在古代，一位国王给大臣们出了两道谜题，如图所示，国王把9枚宝石放在桌面上，然后要求大臣们能够尽可能多地画出由3枚宝石连成的直线，其中一位大臣连出了8条直线，但是国王却不认为这是最多的。国王的第二道谜题是要求通过9枚宝石的中心，画出一条由最少的线段连成的连续折线，一位大臣画了6条线段，但是国王认为这个答案过于拙劣。答对这两道谜题的奖励是获得这9枚宝石。如果你是大臣，你能把它们收入囊中吗？

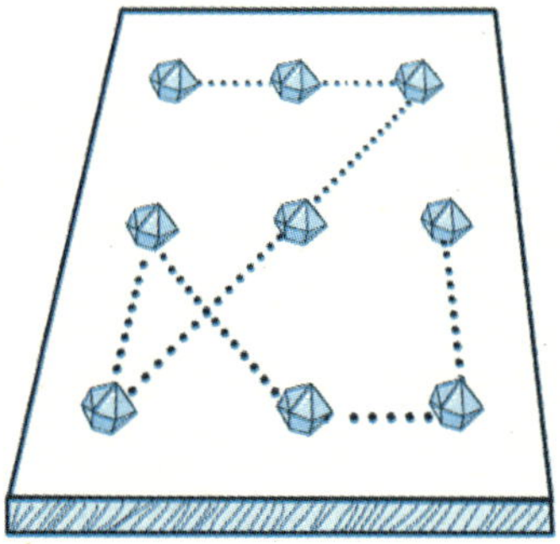

144 数字卡片

把十二张数字卡片环绕成一个圆圈（如图所示），然后拿起一张卡片，跳过两张卡片放在第三张上面，接着再拿起一张单张卡片重复以上步骤，直到卡片以6对的方式放置在原来卡片1到6的位置上，沿着圆圈任何一个方向跳都可以，跳过的是单张卡片还是成对的卡片也不受限制，只要在6步之内完成即可。

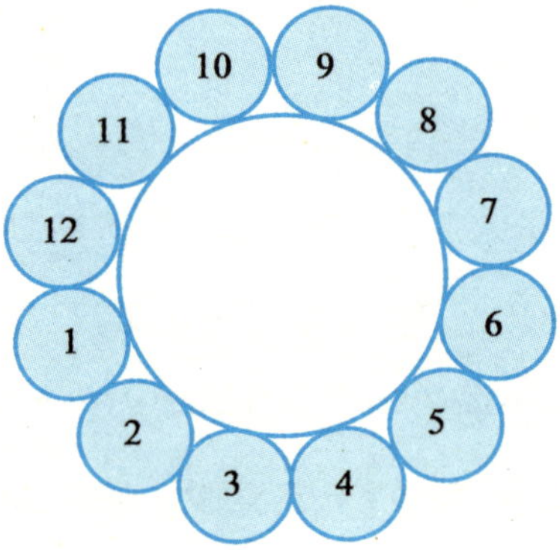

145 八个字母块

把一个正方形木板切割成9个小正方形，把8个字母刻在上面变成字母块，如下图所示：

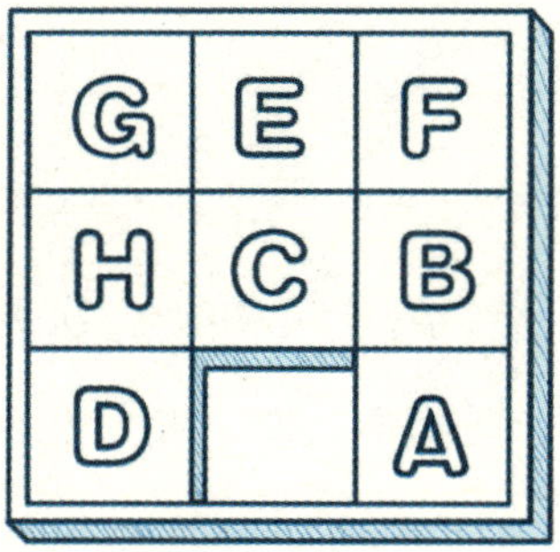

下面想要把字母块移动成如下顺序：

ABC

DEF

GH

每次只能移动一个字母块，不要试着拿起重新放置，这是不符合游戏规则的。想一想，如何才能用最少的步骤去完成这道谜题呢？

146 调换杯子

如图所示，有八个杯子排成一条直线，其中四个杯子是空的，另外四个装满了水，你需要做的是拿起相邻的两个杯子，然后变换杯子的位置，最后让空杯子和装水的杯子间隔排列。你能想到该怎么移动吗？

147 三组字母贴纸

如图所示，有三组 ABC 字母贴纸和10个圆圈，把三组字母贴纸分别放在圆圈里，圆圈外围标上数字，下面按照一次挪动一个字母贴纸的游戏规则来挪动，最终使前9个圆圈中各有一个 A、B、C 字母贴纸，每一条直线也都有一组 A、B、C 字母贴纸。请问需要多少步才能完成？当然步骤越少越好。

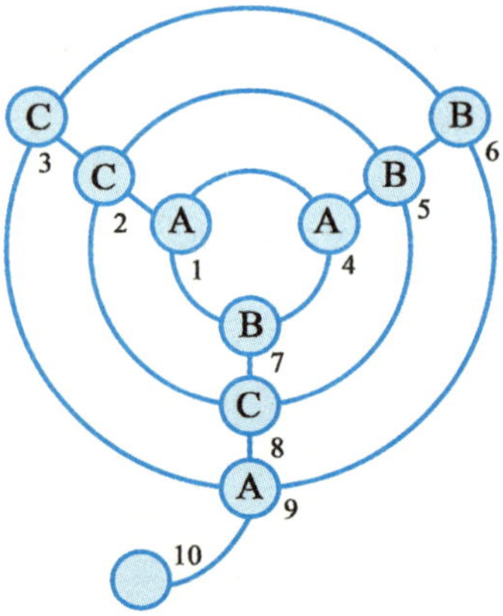

148 碟子里的苹果

一群小朋友在玩游戏，他们把12个碟子放在一张圆桌上，每个碟子里放一个苹果（如图所示）。游戏规则是从任意一个碟子开始，拿起一个苹果沿着圆桌的同一方向跳过两个苹果，然后把苹果放在第三个碟子里，如此反复跳动，跳过的两个苹果可以是在同一个碟子里，也可以跳过很多空碟子，你最后会发现，只要移动6个苹果，就会有6个空碟子和6个装有两个苹果的碟子。那么你能找出来绕着圆桌转的次数最少的办法吗？需要注意的是，最后要回到你出发的原点。

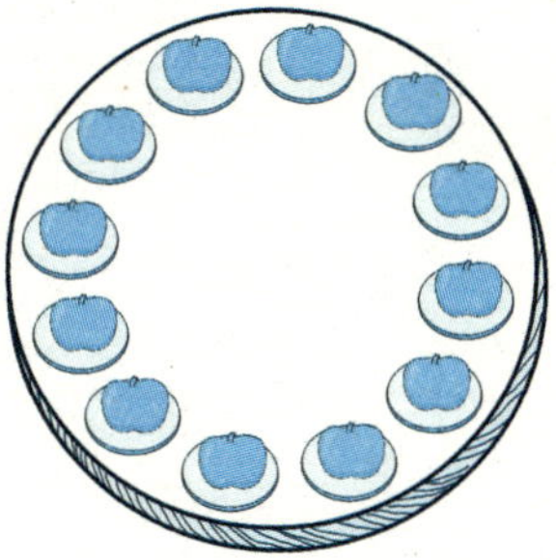

149 石子游戏

小明和他的爸爸一起做游戏，爸爸把12枚石子摆成6行，每行均有4枚（如图所示），接着爸爸要求小明移动其中的4枚，使12枚石子变成7行，但是每行仍有4枚，小明想了一会儿，马上就做到了。请问他是如何移动这4枚石子的呢？

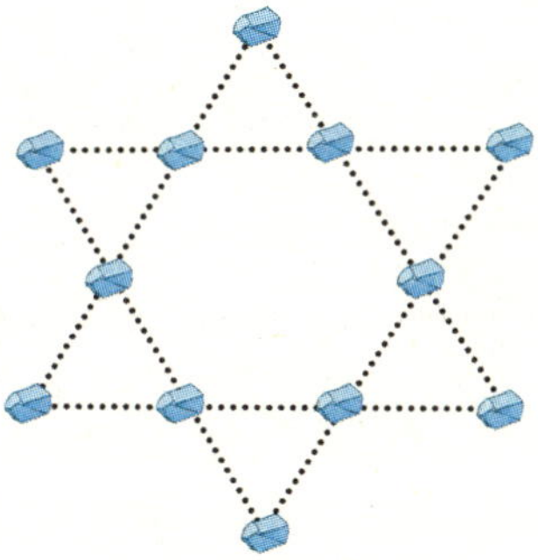

150 忙碌的快递员

一个快递员开始了一天的工作，他要从1号地点出发，然后沿着图中的直线送快递，为了节省时间，每条线路不能重复，最终确保到达所有地点，送完所有快递。当然，他最后必须回到1号地点打卡下班，并且在路上不能往返走，只能从一个地点径直赶往下一个地点。那么他该如何走呢？

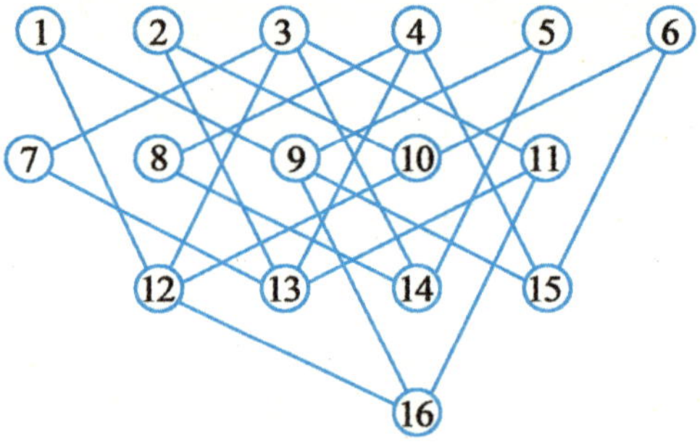

151 单词拼写

把八个圆环围成一个圆圈（如图所示），第八个圆环必须空着，然后在剩下的七个圆环里放置字母卡片，前提条件是先要点一下空环，然后朝任意方向跳两格，放置第一张字母卡片，接着再点一下邻近的空环，跳两格，放置第二张字母卡片……直到放置的字母卡片能够组成一个单词。这是有一定难度的，我们随便找一个单词，比如 glasgow，然后点一下6号圆环，跳过7号圆环和8号圆环，在1号圆环里放置字母卡片 g，然后点一下7号圆环，跳过8号圆环和1号圆环，在2号圆环里放置字母卡片 l……等到我们放置完第5张字母卡片 g 时，就会发现无法继续放置了。那么你能找到合适的单词，来完成这道谜题吗？

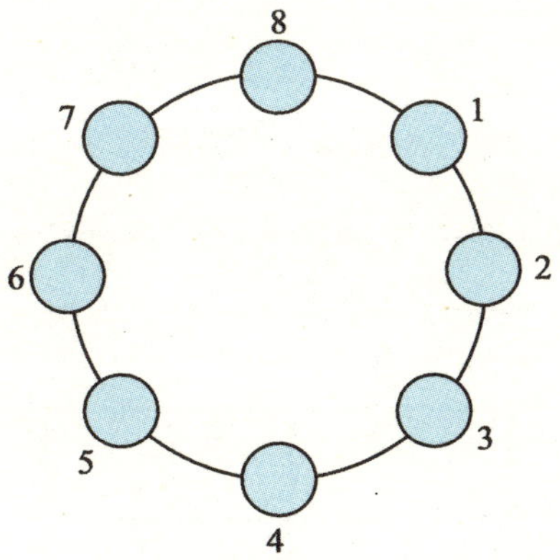

152 地牢里的囚犯

在古代，有8名囚犯被关在地牢里，如图所示，囚犯排列的顺序是不规范的，刚好有一个地牢是空着的，于是看守决定让囚犯通过通道移动，最终使他们按照从1到8的顺序关在地牢里，需要注意的是，每座地牢里不能有两名囚犯。那么，看守该如何指挥这些囚犯移动，用最少的挪动次数来达到自己的要求？

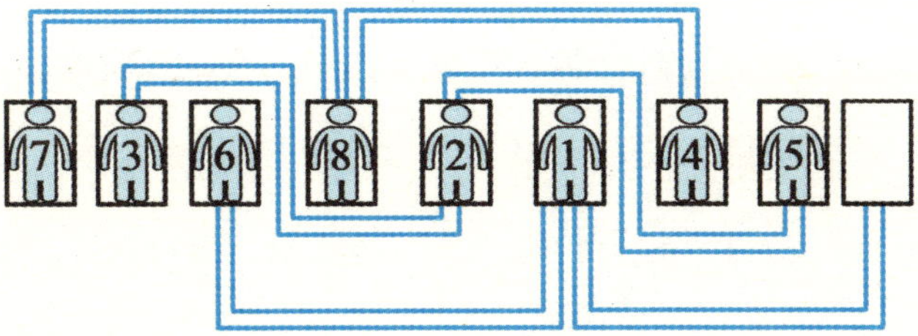

153 画图谜题

小丽和小美是一对好朋友，一天，小丽到小美家玩，看到小美正在画图，图案如图所示，小美对小丽说："别看这个图很简单，但是在每一笔都不能间断也不能返回的前提下，很少有人能用3笔画出来。"小丽不相信，拿起笔画了起来，果然画了很久也没有画出来。那么，你能画出来吗？

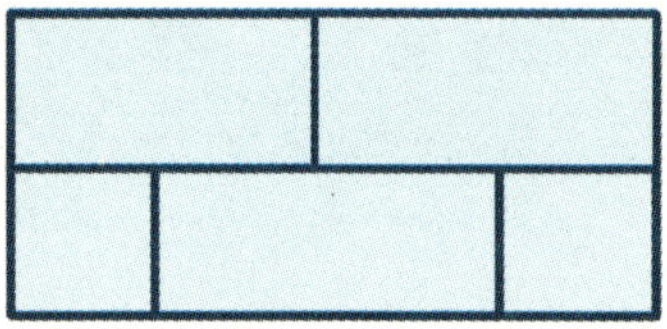

154 将军的箭楼

在古代，有一位将军镇守一座城池，为了更好地保护城池，他决定建造10座与城墙相连的箭楼来进行防御，他要求工匠在设计时，能够让这些箭楼形成5条直线，并且保证每4座箭楼在一条直线上。工匠很快给出了设计方案（如图所示），但是将军并不满意，他不希望有更多的箭楼能够从外面进入，那样更容易受到外来侵袭，所以他要求工匠在设计时，应该保证尽可能多的箭楼只有通过城墙才能进入，工匠想了很久也没有想出解决的办法。如果你是工匠，你将如何设计这些城墙和箭楼，才能满足将军的要求呢？

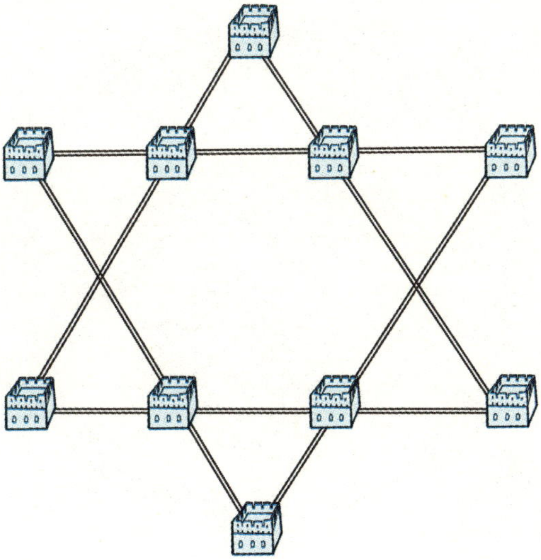

155 弹珠跳跳跳

如图所示，在一块圆形的木板上挖33个洞，里边放上32颗弹珠，中间的17号洞是空着的，每跳一次就能拿走一颗弹珠，最终通过一系列的跳跃拿走所有洞口里的弹珠，只剩下一个最后放置在17号洞上。你可以间隔着跳，被跳过的那个洞口上的弹珠便可以拿走，你也可以连续跳，只要没有停下，跳多少格都只算是一步。需要注意的是，不允许斜着跳，只能沿着直线跳跃。下面去找一找要想完成这道谜题最少的步骤吧。

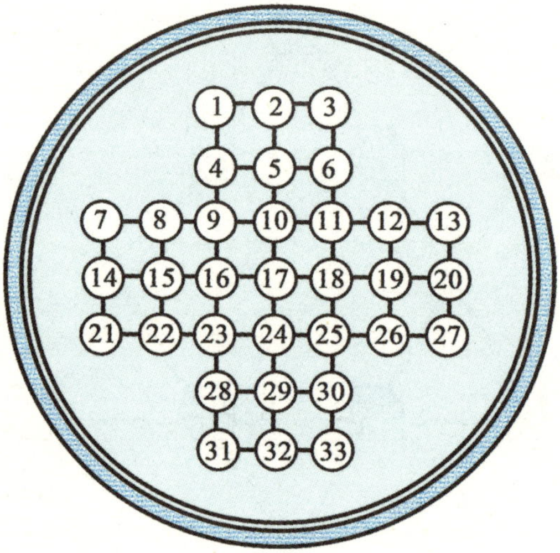

156 父子移硬币

鹏鹏和爸爸都是数学谜题爱好者，一个星期天，妈妈没在家，鹏鹏一大早就起来看电视，为了保护他的视力，爸爸拿出一张白纸，在上面放置了10枚硬币（如图所示），然后招呼鹏鹏，让他过来一起玩数学谜题。一听有数学谜题玩，鹏鹏马上高兴地跑过来，爸爸指着硬币说："你随便移动其中4枚硬币，记住，只能移动4枚，然后在纸上重新排列它们，使它们形成5行，每行有4枚硬币，试着找出有多少种方法能完成这道题。"鹏鹏马上冥思苦想起来，一上午的时间过去了，他终于想到了一共有多少种方法。那么，你想到了吗？

157 巡警的巡查线路

如图所示，这是一个巡警的日常巡查线路，他从左上角的位置出发，图中的白色房屋表示他巡查时经过的，一共28座，下面他从相同的位置出发，你能否帮他找到一条线路，保证他经过房屋的数量能够尽可能地大，前提是他在每次转弯之前，所经过的房屋数目必须是奇数，而且同一条线路不能重复经过。

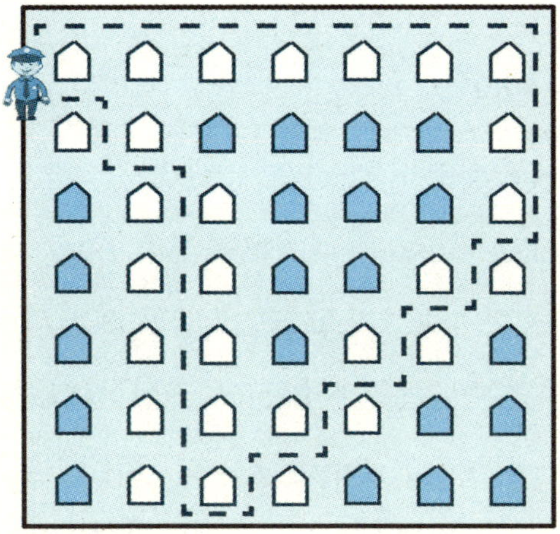

158 过桥谜题

如图所示，在一条小河上有一座小岛和五座桥，一个人站在河的岸边，对岸是一座村庄，他的家就住在那里。这个人想在回家的途中不重复地走过每一座桥，看起来似乎很简单，但是这个人想要知道能有多少条线路可以供他选择。你能帮他解决这道谜题吗？

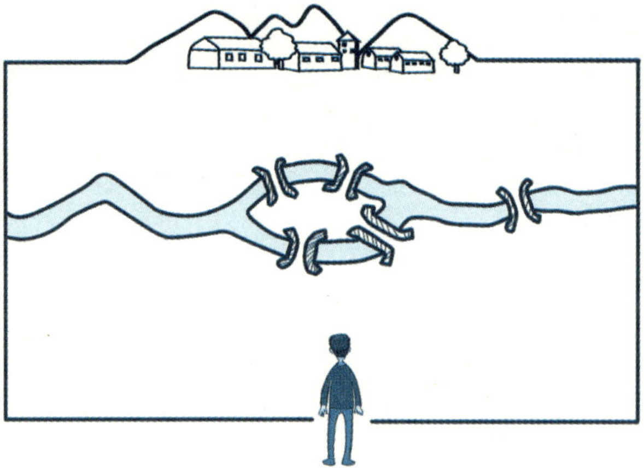

159 九枚硬币

一天，小红到叔叔家里玩，叔叔要和她做一个游戏，只见叔叔在一张白纸上画了25个格子，然后在中央的格子上放了9枚一元的硬币，为了区分，叔叔在硬币上贴了9个数字来标示它们（如图所示）。叔叔要求小红通过隔粒跳的方式，拿走被跳过的那枚硬币，当然她可以不用局限于直线跳，也可以斜着跳，同一枚硬币的连跳也算一步，最终小红需要拿走8枚硬币，剩下的那枚硬币应该在中央的格子里。小红研究了好久，才找到最少的步骤来完成这个游戏。那么，你能快速完成这个游戏吗？

160 火烧战船

我们都知道三国时诸葛亮借东风，最终火烧曹操连环船的故事。如图所示，假设这是16艘被诸葛亮率兵围困的敌方战船，每支“火箭”可以越过三艘战船烧毁第四艘战船，按照图中箭头所指方向射出“火箭”，最终最上面的那排和左边的那列会被烧毁，也就是有七艘战船被烧毁，战船一旦被烧毁，就立刻沉没，下面诸葛亮尝试着吸引敌方战船按照他的想法排列，这样他就能够烧毁更多的战船。那么，战船应该如何排列呢？

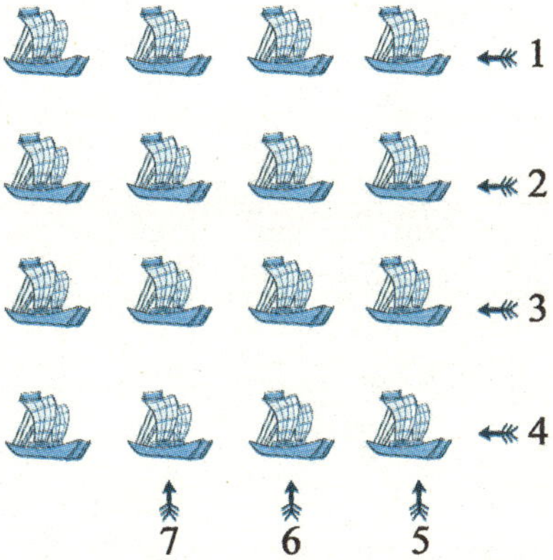

161 古镇旅游

如图所示，你将从最下面的入口出发，沿途经过每一个旅游景点，但是不能重复路过的任何一条线路，最后到达最上面的出口。试着选一条最佳线路吧。

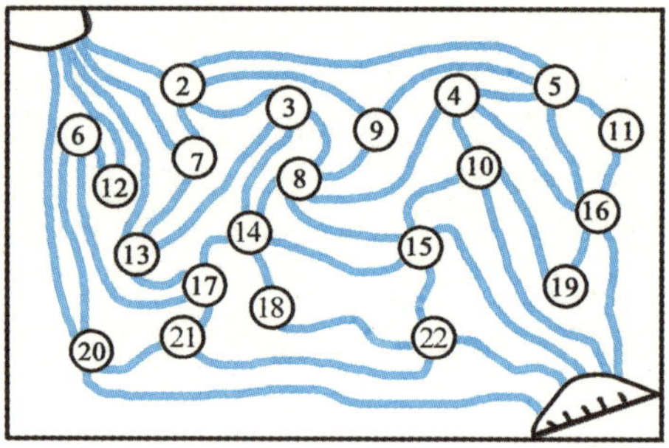

162 寄存的快递

如图所示，有24个快递被寄存在菜鸟驿站，由于它的顺序被打乱，站点负责人想把它们按照正确的顺序整理一下，即第一排是1、2、3、4、5、6，第二排是7、8、9、10、11、12，剩下几排以此类推。假设站点负责人每次拿起两个快递，将它们互换位置后放置，一共需要多少步才能完成任务呢？

163 果园里的树

在一个果园里有10棵杏树、10棵桃树和35棵梨树，果园主人住的木屋被它们所围绕（如图所示）。杏树需要种成5行，每行4棵，桃树和杏树的种植情况相同。如果要想让杏树和桃树尽量不种植在果园的北边和东边，但是允许一条直线上的4棵树中间有2种不同的树，果园的主人该如何种植呢？

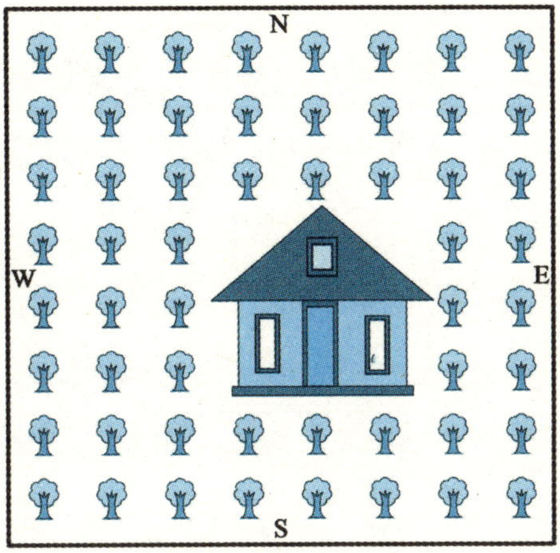

164 圆与直线

小刚号称是全校最聪明的孩子，一天，班主任给他出了一道题，如图所示，班主任在黑板上画了6个小圆，然后对小刚说："看好这6个小圆，你需要把其中的一个擦掉，在其他地方再画一个圆，然后通过4条直线连接它们，保证每条直线上都有3个圆。"小刚确实很聪明，拿起粉笔几下就画了出来。那么，你知道他是怎么画的吗？

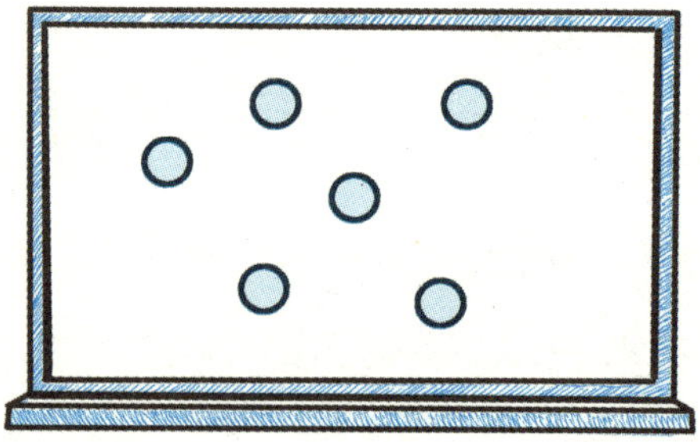

165 十只被困的小猫

如图所示，一栋仓库里有一个大铁笼子，10只小猫分别被困在16个小笼子里，通过图中的箭头能够得知，困住小猫的笼子的双数行列只有12个，每列不是 2 个就是 4 个。有一个人想要重新安排这些小猫的位置，使横排、竖排和斜列上有双数的小猫的行数达到最多，需要注意的是，右下角笼子里的小猫不能移动。那么，该如何移动这些小猫，才能得到最多的双数行列呢？（给你一点小提示：最多的双数行列是16行）

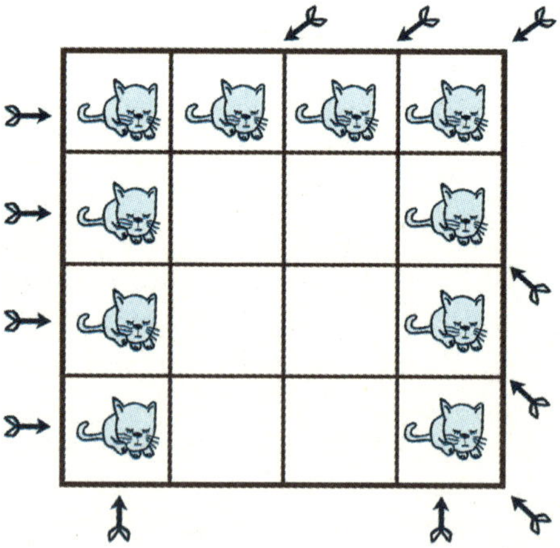

166 旅游景点

一个人来到一处旅游景点，发现里边有12个小景点，一共有17条线路连接它们（如图所示），每个景点之间的距离是1千米，为了节省时间，他想要找到最短的参观线路，可以在任意一处开始和结束。请问他该如何走呢？又走了多少千米呢？

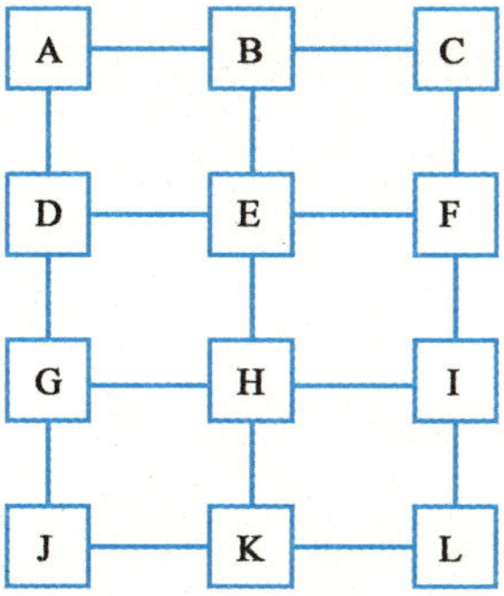

167 十块蛋糕

小刚到小明家里做客，他们玩了一会儿电脑游戏后，决定歇一歇眼睛，玩一道数学谜题。小明拿出16个小碟子，摆成了正方形，然后在其中的10个碟子上各放了1块小蛋糕（如图所示），摆放完以后，他对小刚说："这道谜题的要求是你可以任意拿起一块蛋糕放在某个空碟上，然后开始沿着直线隔碟跳，拿走被跳过的那块蛋糕，最终找到一个能拿走9块蛋糕的方法。"如果你是小刚，你该怎么跳呢？

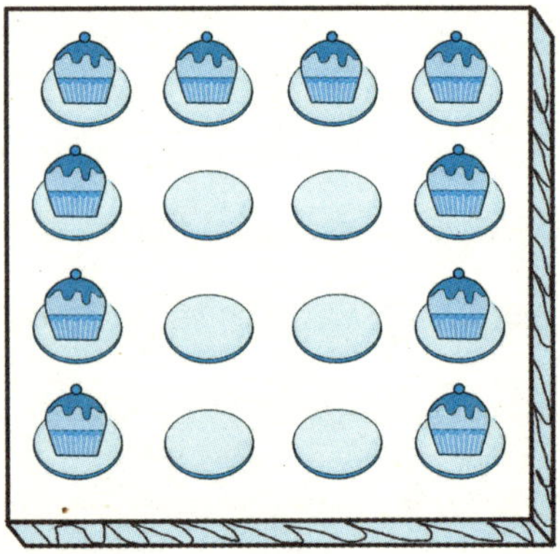

168 吵架的三兄弟

如图所示，有三兄弟在父母的安排下住在一个大院子里，但是等到父母去世后，三兄弟却因为一些琐事发生了争吵，于是住在上方的老大从他房子的门口到图下方的大门修了一条封闭的小路，住在右边的老二修了一条路通往左边的大门，住在左边的老三修了一条路通往右边的大门，这三条路互相不交叉。你知道他们是怎么修的吗？

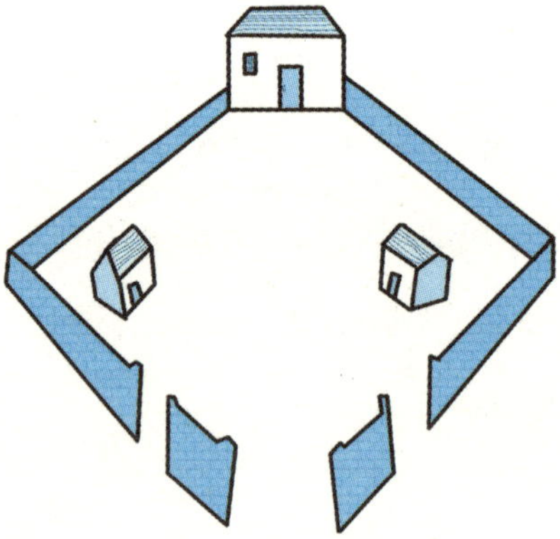

169 骑行爱好者

如图所示，图中的圆圈代表乡村，一个骑行爱好者从标成蓝色的村庄出发，想要在15个拐弯之内骑得足够远，但是每条线路都不能重复。假设每个村庄之间的距离是一千米，那么这个骑行爱好者径直骑行到A，然后分别骑行到B、C、D、E和F，他就在5个转弯之后骑行了37千米。那么，在15个转弯之内，他能够骑行多少千米呢？

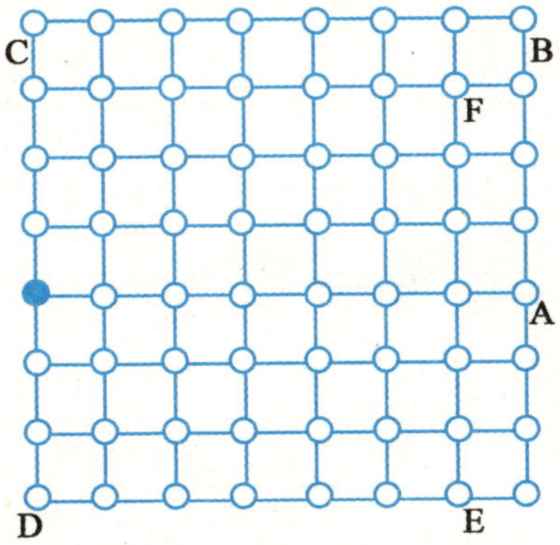

170 字母谜题

如图所示，把11个圆碟摆放成一个圆圈，然后把5张黑色字母卡片和5张白色字母卡片放置在上面，最下面的圆碟是空的。下面将黑色字母卡片按照顺时针方向移动，白色字母卡片按照逆时针方向移动，如果出现空位，可以跳过相反颜色的邻居而移动，但不能跳过相同颜色的字母。也就是如果首先移动K，那么C就可以跳过K，要是K往E那边移动，那么W就可以跳过C。下面请你移动26次，把这些字母按照单词Twickenham

的顺序排列起来。

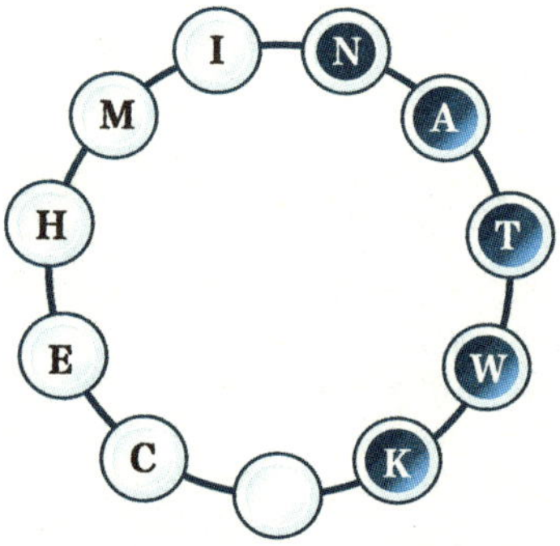

171 商人的谜题

有一个商人向儿子展示了一张草图（如图所示），这是他经商时必去的20个城市，他告诉儿子，他一般先从A城市出发，然后把每个城市不重复地走一遍，每次都沿着路径直走，中途不会拐弯。因为在C城市有他的一位老友，所以他总是尽可能最后去C城市，拜访完老友再回到A城市。他想让自己的儿子根据草图找出这条线路，如果儿子能够找出来，他的生意就全部交给儿子做。商人的儿子怎么找到的呢？

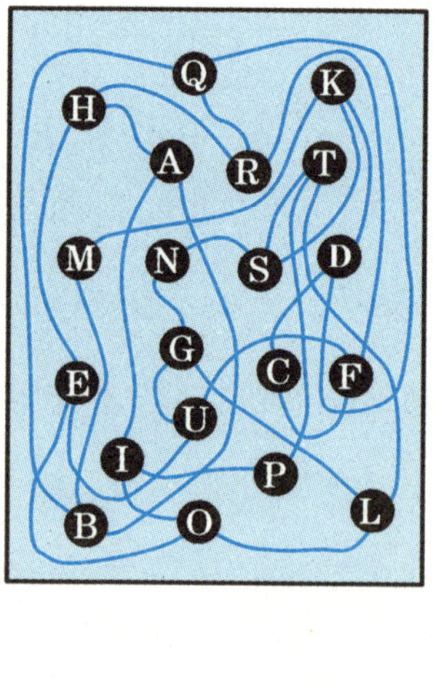

172 方块和硬币

如图所示，把64个方块组成一个正方形，方块组通过42条直线连接，其中有8条横线、8条竖线和26条对角线，然后把8枚硬币放置在方块里，从图中可以看出，没有任何两枚硬币是在一条直线上。下面把3枚硬币挪到其他方块里，然后保证仍然没有任何两枚硬币在一条直线上，需要注意的是，硬币之间不能互换位置，必须挪到之前没有硬币的方块里。你能做到吗？

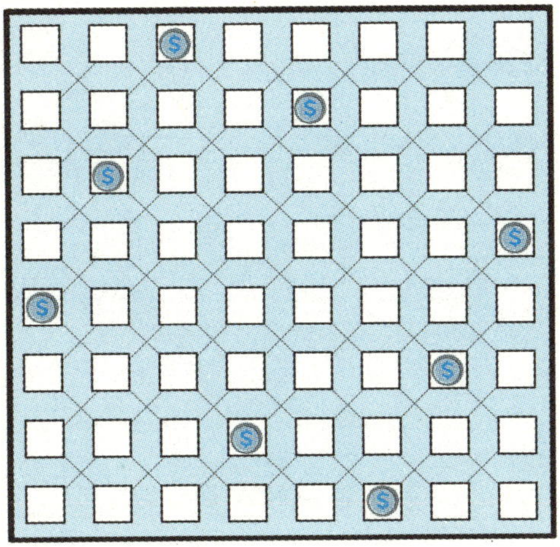

173 茶砖堆放

如图所示，一个茶商把16个茶砖摆放在店内，然后想要每摞4个，堆成4堆，不过他堆放的要求有些奇怪，为了方便解释，我们给茶砖标上数字，也就是1放在6上面，11放在1上面，7放在4上面，以此类推，直到堆成4堆。每次跳过4个，不管是堆在一起还是分开堆放，往任意一个方向跳都可以，需要在12步以内完成。有很多种方法可以满足茶商的这一要求，但是如果增加一些难度，比如要求最后堆放在两端，比如堆在1、2、15、16的位置上，或者要求13、14、15这三个位置连在一起，或者要求最后放在3、5、12、14的位置上，这就看起来有些难度了。如果让你来堆，你能满足茶商的要求吗？

174 上班线路

如图所示，8个人开车去上班，图中标记了8个人所处的位置和公司地点，虚线表示可以行驶的道路。A 出发到 A 公司，B 出发到 B 公司，以此类推，路上8个人谁也没有相遇。那么，你能画出他们各自的行驶路线吗？

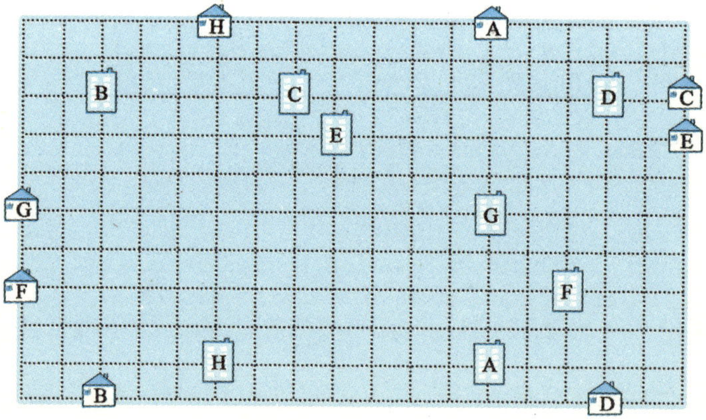

175 树木移动

在国外，有一个人种植了49棵树，它们呈正方形排列（如图所示），从图中可以看出，有4棵树被人偷偷砍伐了，这个人很生气，因为树木排列得不整齐了，于是他也想砍掉一些树，只剩下10棵，使它们能够形成5行，每行有4棵树。那么，他该如何砍伐才能达成心愿呢？

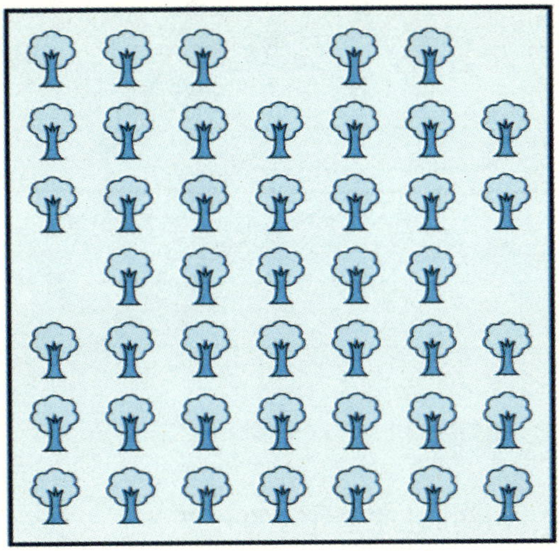

176 爸爸的连接谜题

一个周末，出差一个月的爸爸终于回来了，红红很高兴，整晚都缠着爸爸做游戏。已经玩到很晚了，红红还不睡觉，爸爸这时拿出16枚硬币，把它们铺在一张白纸上，然后用铅笔画了12条直线把它们连接上（如图所示），做好这些后，爸爸对红红说：“咱们玩最后一个游戏，你看这些硬币和直线，每4枚硬币都在一条直线上，下面你去拿一张白纸，试着摆放这些硬币，再用铅笔画15条直线使它们连接，还得要保证每4枚硬币在一条直线上。”红红试了好久都无法做到，爸爸看到红红着急的模样，于是把连接的方法手把手地教给了她，红红学会以后很高兴，带着笑意去睡觉了。那么，你知道爸爸是怎么做到的吗？

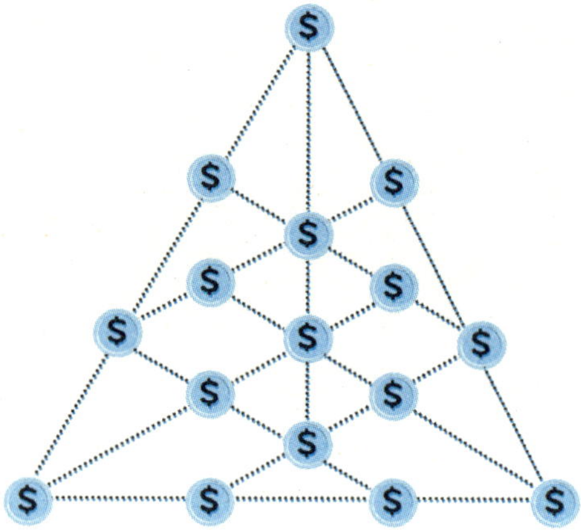

177 爱情谜题

在国外，有个叫 Michell（米歇尔）的人爱上了一个名叫 Hannah（汉纳）的美丽女孩，当他提出交往的请求时，女孩却给他出了一道难题，如下图所示，女孩要求 Michell 准确地说出图中的字母能拼出多少个她的名字，要求是拼写不能间断，但是可以沿对角线拼写，如果他回答正确，她就答应他的交往请求。Michell 想了好久也没有想出来，于是向你求助，请你赶紧拿出铅笔，帮他实现愿望吧。

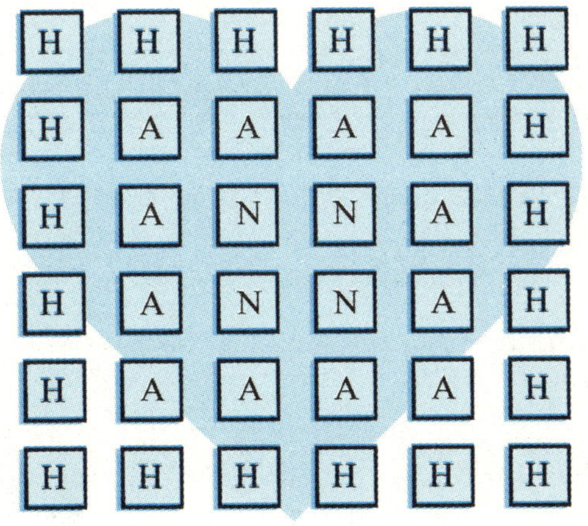

178 难挪的家具

李刚一家住在一栋大房子里，一共有六个房间（如图所示）。一天，李刚想要把书柜和电脑桌调换一下位置，由于六个房间都比较小，不能同时放两件家具，只能挪出一件，放进去一件。那么，李刚该如何挪动，才能最方便地将电脑桌和书柜调换过来呢？

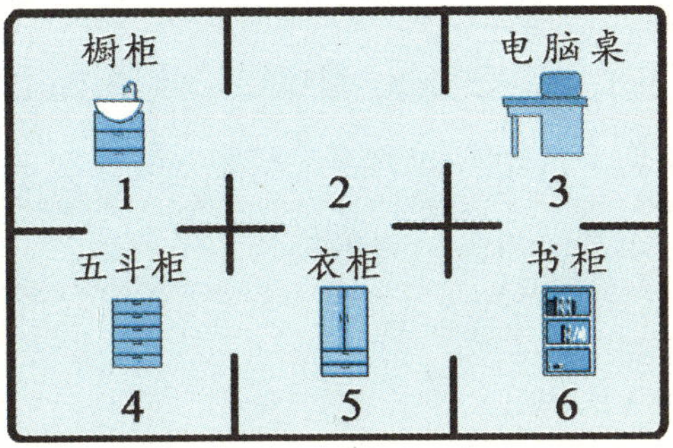

179 硬币谜题

把5枚一角硬币和5枚一元硬币排成一条直线，最后是两个空位（如图所示），下面移动相邻的两枚硬币到空位处，每次两个两个地移动，不能调换它们的位置，并且要同时放下，不能只放下一枚，直到5枚一元硬币在一起，5枚一角硬币在一起，并且最后要保证两个空位在某一头。

180 鸡蛋摆放

小明的妈妈买了一些鸡蛋，准备把它们放进蛋格子里，刚放好两个（如图所示），就接到公司的电话，有紧急的事情需要她处理。为了防止小明乱跑，妈妈把他叫过来，指着蛋格子对小明说："你来把剩下的鸡蛋放一下，看看最多能放多少个，每横行、每竖行和斜线上的鸡蛋不能超过两个，因为我已经在一条对角线上放了两个鸡蛋，所以那里不能放了，你如果能够解开这道谜题，回来奖励你吃雪糕。"妈妈晚上回来后，小明给妈妈演示了如何按照要求放更多的鸡蛋，妈妈很高兴，信守承诺奖励了他一支雪糕。你知道小明放了多少个鸡蛋吗？

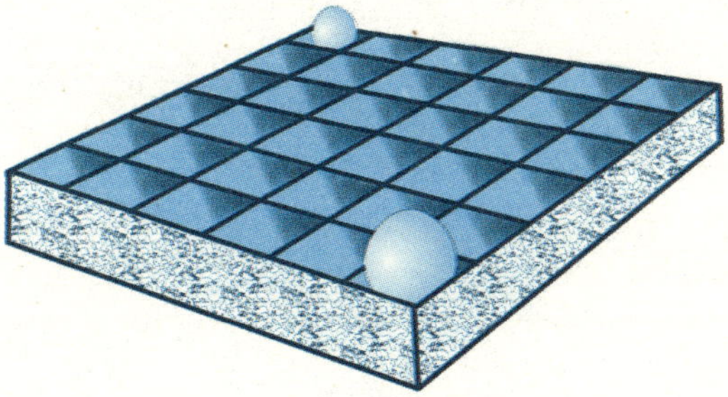

181 三子连一线

如图所示，把一个正方形分出九个方格，然后拿出黑白双色棋子，白色的分给一个人，黑色的分给另一个人，两个人依次把棋子放进方格，谁最先将三个棋子连成一条直线就获胜。那么，下面三种情况，哪种情况是正确的？（1）先放棋子的获胜；（2）后放棋子的获胜；（3）两个人总是平局。

182 为富不仁的富豪

如图所示，在一块圆形土地的中央有一处景观湖，有四个穷人围绕着景观湖建造了四座小房子，并居住在里面，结果有四个富人也看中了景观湖，他们在小房子后面建起了四座大房子，并想要围起一堵围墙，既能把穷人的小房子排除在围墙外面，又能让自己出入景观湖不受阻碍，这四个富人不但为富不仁，而且十分吝啬，所以围墙想要建得尽可能地短，这样才能节省材料。那么，他们会如何建筑围墙呢？

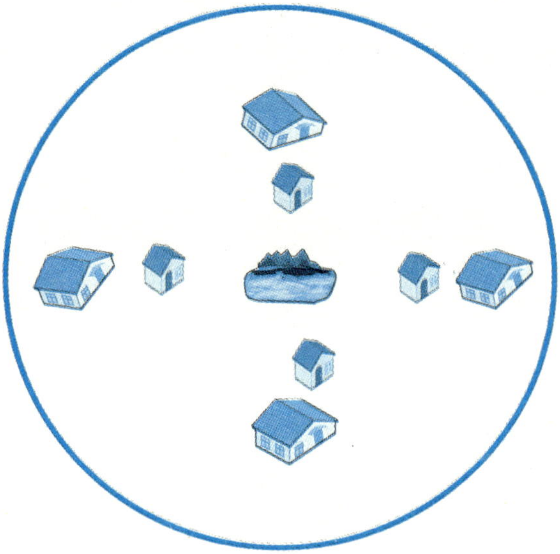

183 五角星谜题

在一个班级的手工课上，老师拿出一张圆形纸片，然后把它巧妙地折叠起来，只用剪刀裁剪了一下，就得到了一个完美的五角星，这让学生们崇拜不已，老师把这道谜题作为课后作业留给学生，让他们和父母一起完成，这可难坏了许多学生和父母。你知道如何折叠和裁剪吗？

184 农户的玉米秆

一位种植玉米的农户新开拓了一块正方形的耕地，这块耕地比他去年的那块正方形耕地要大，因此今年长出来的玉米秆要比去年多出来211棵。你能算出这个农户今年的耕地长出了多少棵玉米秆吗？

185 狗和猫

如图所示，这是一块布料，如果沿着格子线去裁剪，把它分成四个形状大小都一样的小布料，并且确保每一块上面都有一只猫和一条狗，应该怎么裁剪呢？

186 拼图作业

如图所示，这是一个很奇怪的图形，也是学校留给学生的作业，需要把它裁剪成四部分，然后拼成一个正方形。你能够完成这道作业吗？

187 对称的花朵

如图所示，在一块布料上有四朵花，下面把这块布料裁剪成两部分，然后拼接成一个正方形，确保正方形上的四朵花是对称的，需要注意的是，不能扔掉任何布料，也不能把花朵一分为二。请问该怎么裁剪？

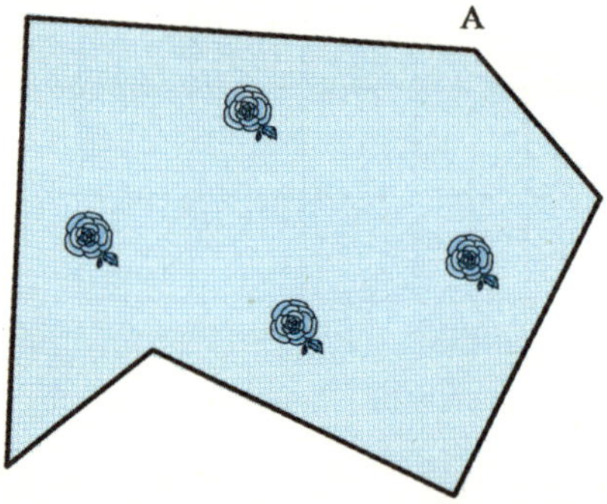

188 红十字会的救助

一个得了重病且家庭贫困的孩子得到了红十字会的救助，他的病好了以后，十分感激红十字会的工作人员，于是请求工作人员把红十字会的会标送给他作为纪念（红十字会标如图所示），工作人员想考一考这个孩子，于是拿出剪刀把红十字会标剪成了几片，然后让孩子拼成两个大小相等的红十字会标，如果他能够做到，就把两个会标都送给他。那么，你知道工作人员是如何裁剪的，孩子又是如何拼接的吗？

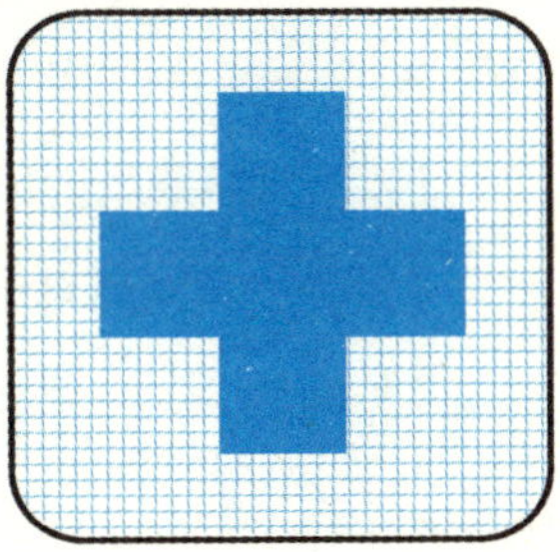

189 木棍组合

图中的两个图形是由18根小木棍组成的，大的面积是小的面积的2倍，下面请你重新组合这些小木棍，保证它们必须都使用完，没有重叠部分，并且两端不能裸露在外，最终组合成两个五边形，其中一个的面积是另一个的3倍。

190 分家

一个老人有四个子女，并且拥有几十亩正方形的土地（如图所示）。一天，他决定分家，让每个子女拥有的土地大小是一样的，图中阴影部分是老人留给自己的土地，但是图形中心的蓝点是一口水井，其他三个子女觉得老人分配不公，因为获得中间那块土地的大儿子能够便捷地使用那口水井，而其他人如果不经过大儿子的土地是无法使用水井的。为了缓解矛盾，老人决定重新分配土地，但是他又不想要中间的那块土地，那么该如何重新分配这块土地，让每个子女拥有相同形状和面积的土地，并且使用水井时都能不经过其他人的土地呢？

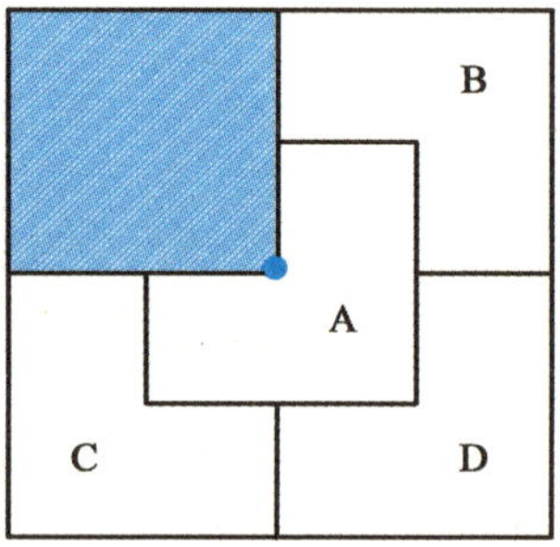

191 十只狗

十只狗被养在一个圆形的建筑里，它们总是因为争抢食物而互相撕咬，为了让这些狗安静下来，需要在圆形建筑里建筑三个小的圆形建筑，使这些狗能够拥有自己独立的领地，并且只有穿过小圆形建筑才能进入其他狗的领地。如果你是建筑师，你能完成这个任务吗？

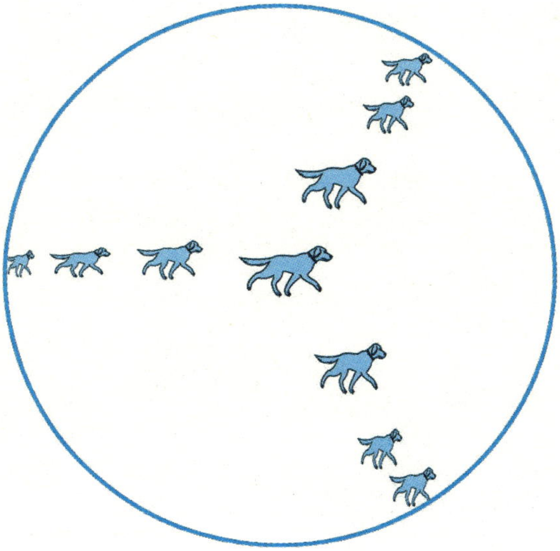

192 切割月牙

这是一个日常生活中的简单分割谜题，如图所示，把一张白纸剪成月牙形状，然后在月牙上面画5条直线，你需要思考的是：这5条直线最多能把月牙分割成多少块呢？

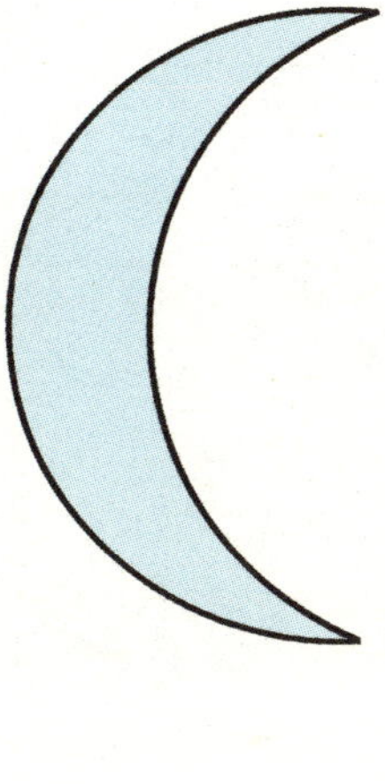

193 新足球

一天，小刚正在小区里和小伙伴踢足球，正好他的叔叔来他家里做客，叔叔把小刚叫回家，并对他说："如果把一个足球放在水平面上，那么，在同一个水平面上能够放多少同样大小的足球，并确保每个后放上去的足球都与之接触？如果你答对了，我就奖励你一个新足球。"最终小刚拿到了新足球。那么，你知道他的答案是多少吗？

194 昂贵的布料

如图所示，假设下面的图形是一块昂贵的布料，它的大小是36×27，不幸的是，由于存储不当，它有两个角受到了损坏，受损部位形成了两个12×6的三角形，为了弥补损失，你需要把这块昂贵的布料分割成尽可能少的部分，然后把它们组成一个完整的正方形。你能做到吗？

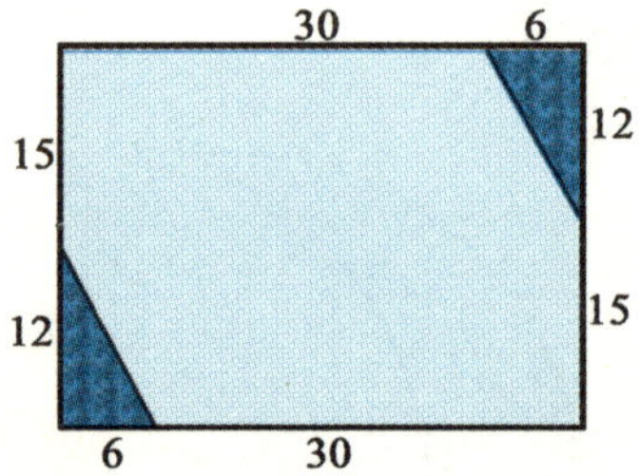

195 切大饼

幼儿园的一个小班中午收到食堂送来的一张大饼，下面老师需要用小刀以直线切六次，每两刀都相交，并且每两条线的交点不能重合，然后把大饼分切，你知道老师最多能切多少块吗？我们不去考虑最后的分配问题，老师总会有办法让每个小朋友都分到合适的大饼，最终吃饱的。

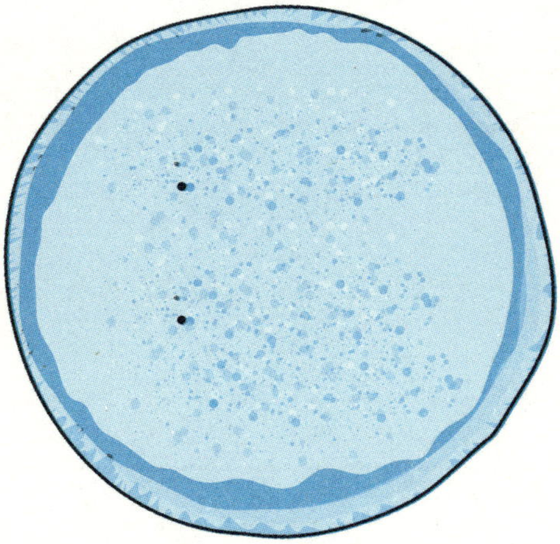

196 土地分割谜题

如图所示，在一块正方形的土地上，从土地的中心位置到土地的另一边并排种着四棵树，树与树之间的距离相等，两个农户因为土地分配问题吵得不可开交，他们想要平分这块土地和四棵树，但这显然有些难度。一个聪明人想出了一个办法，他把土地分为四块，每一块的形状和大小都完全相同，并且每一块土地上都有一棵树，这样两个农户的需求都得到了满足，也就不会争吵了。那么，你知道这个聪明人对土地是如何进行合理分割的吗？

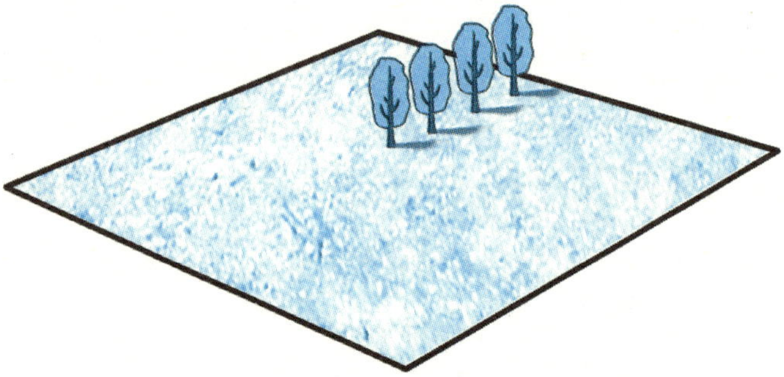

197 幼儿园老师的谜题

在一所幼儿园里，老师正在和小朋友们做游戏，她拿出一张纸，把它裁剪成如图所示的形状，图形是由一个正方形和另一个相同的正方形沿对角线分割成的一半组成，老师让小朋友们照图形的样子裁剪以后，又让他们把这个图形裁剪成大小和形状都相同的四部分，这对小朋友来说有些难度。你能做到吗？

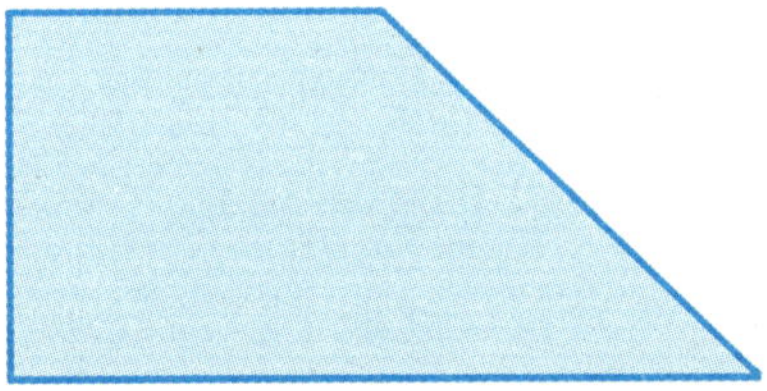

198 封闭的空间

如图所示，13根小木棍组成了6个封闭空间，现在抽走一根木棍，如果还想用剩下的木棍组合成6个封闭空间，而且要保证满足12根木棍全部用完，不能重叠，首尾相连这些条件。应该如何组合才能做到呢？

199 正方形拼图

如图所示，一个人想要把这块不规则的木板锯成小块，然后拼接成一个正方形，那么，最少需要锯多少块才能完成呢？

200 画星星

强强的伯伯是一个天文爱好者，有一天，强强到伯伯家做客，看到伯伯正通过阳台上的天文望远镜观察星空，于是也吵着要看。伯伯笑了笑，在一张白纸上画满了星星，一共15颗（如图所示），然后对强强说："小捣蛋鬼，想要观察星空可以，不过要先考考你，这里有15颗星星，你能在这些星星中画一颗五角星吗？它一定要比这些星星大，而且还不能碰到这些星星。”强强最终做到了，开始和伯伯一起观察星空。你能做到吗？

201 妹妹的方巾

妹妹想要一部新手机，但是妈妈不想给她买，就想给她出个难题，让她知难而退。妈妈先拿出两块妹妹的方巾，如图所示，然后让妹妹把这两块方巾裁剪成四部分，较大的方巾需要裁剪尽可能少的部分，使两块方巾能够组合成一个10×10的大正方形，拼接成功后所显示的图案能够完全匹配，由于图中显示的是方巾的正面，背面的图案与正面不一样，所以接下来妹妹不能翻转拼接。为了得到新手机，妹妹开始忙碌地裁剪起来。如果你是妹妹，应该怎么裁剪才能完成这道谜题呢？

202 农户的难题

一个农户拿到一块如图所示的木板，尽管它很不规则，但是农户仍然想废物利用，把这块木板分割成尽可能少的部分，然后拼接成一个正方形做羊圈的围挡。你知道他是怎么进行分割和拼接的吗？

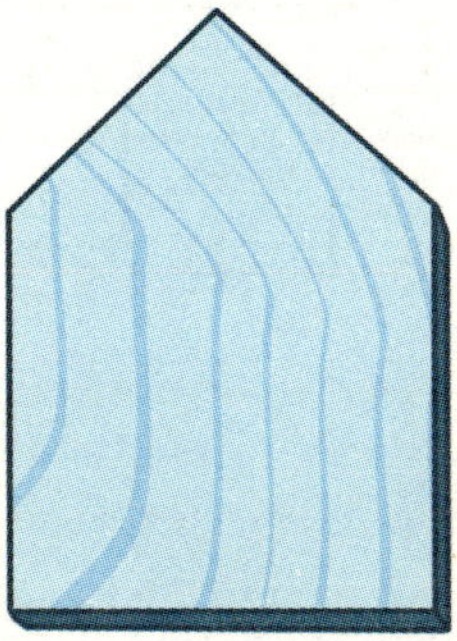

203 两根晾衣绳

一个人在两根柱子上挂晾衣绳，一根柱子高84厘米，另一根柱子高

60厘米，如果两根绳子分别从一根柱子的顶部系到另一根柱子的底部，那么两根绳子交会时交会点离地面的高度又是多少呢？

204 十字架谜题

如图所示，小明的叔叔把一张纸裁剪成7张形状各异的纸片，然后让小明把它们拼成一个十字架，如果他拼成功了，就奖励他吃汉堡，结果小明脑子里都是汉堡，根本没办法去思考如何拼接，快要急哭了。你能帮帮他吗？

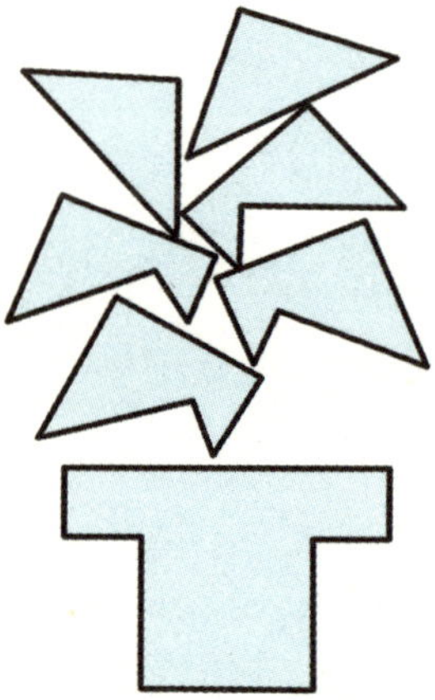

205 哥哥的谜题

暑假的一天，一对小兄妹被父母反锁在家里，家里突然停电了，没有网络和电视，兄妹俩感到很无聊，为了哄妹妹，哥哥拿出剪子和白纸，剪了一个平行四边形和矩形（如图所示）。然后哥哥让妹妹把两个图形剪裁成面积相等的两部分，再把这两部分拼成一个菱形，条件是如果平行四边形和矩形的面积相等，那么拼出来的菱形面积也要相等，妹妹很高兴地玩起了这个游戏。如果换成你，你能完成这个游戏吗？

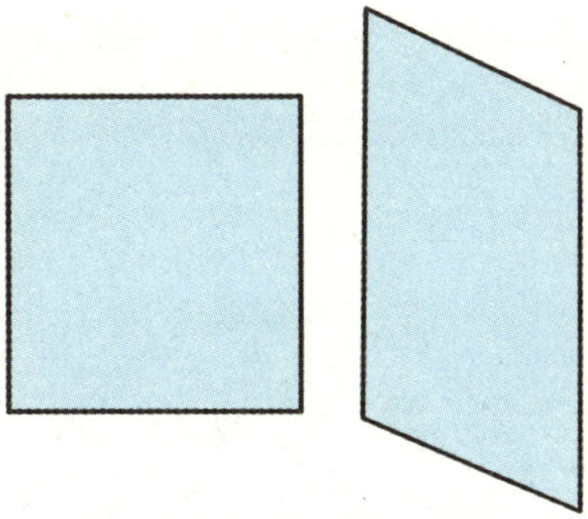

206 奇怪的图形

为了让明明安心地写作业，父母把他反锁在家里，电脑设置了开机密码，电视的遥控器被藏了起来。可是明明却不想写作业，为了打发无聊的时间，他拿出一张白纸，然后裁剪出一个奇怪的图形（如图所示），接着他又把这个图形裁剪成四部分，然后组成了一个正方形，他很为自己的动手能力强而感到骄傲。那么，你知道他是怎么做到的吗？

207 平分生日蛋糕

一对双胞胎姐妹过生日，妈妈买了一块奶油蛋糕，上面布满了装饰的巧克力。假设图中的图形是竖起来的蛋糕的一面，黑色的是巧克力，为了不让姐妹俩吵架，如何才能把这块蛋糕分成大小和形状都恰好相等的两块蛋糕，而且不会碰到上面的巧克力呢？

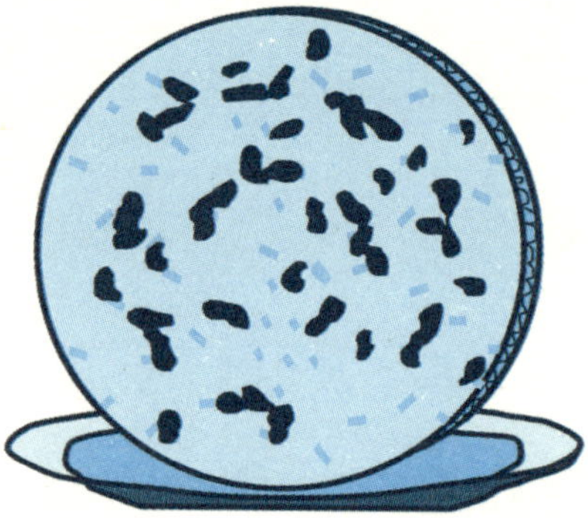

208 圆锥谜题

如图所示，这是一个木制的圆锥，一个人想要努力把它切割成尽可能大的圆柱体，他应该怎么切割呢？

209 小储物箱

有一个长方形储物箱顶端的面积是120平方厘米，侧面的面积是96平方厘米，正面的面积为80平方厘米。那么，你能算出这个小储物箱的长、宽、高分别是多少吗？

210 分割三角形

如图所示，这个三角形是一个等边三角形，它是从一张白纸中裁剪出来的，如果想要将它分割成五部分，在确保每个分割部分都用到的前提下，组成两个或者三个较小的等边三角形。你知道应该如何分割吗？

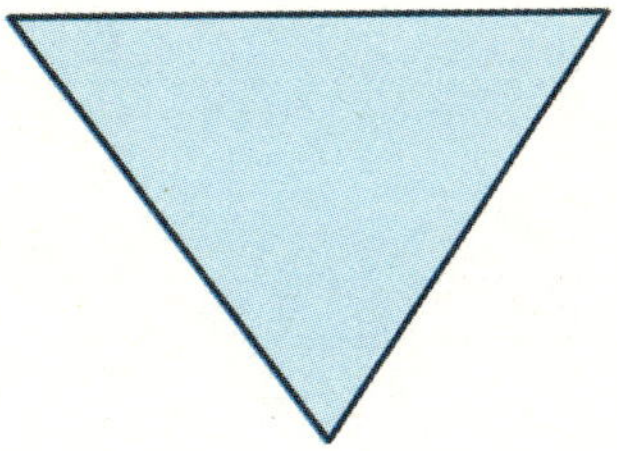

211 两个一样的十字架

一对情侣约定周末的晚上谁也不准看电视和玩手机，但是这样会很无聊，于是他们决定做一个游戏，男方拿出一张正方形白纸，对女方说："你能把这张纸裁剪成5片，然后拼成两个同样大小的十字架吗？"女方裁剪了很久也没弄好，反而弄了一地的废纸，于是男方又拿出一张白纸，裁剪成5片后，没过多久就拼出来两个同样大小的十字架，女方对他十分佩服。你知道他是怎么做到的吗？

212 木板拼接

图1是一块废弃的木板，一个心灵手巧的人把它裁剪成两片，然后把它们拼接起来，就变成了图2的形状。请问他是如何裁剪的？

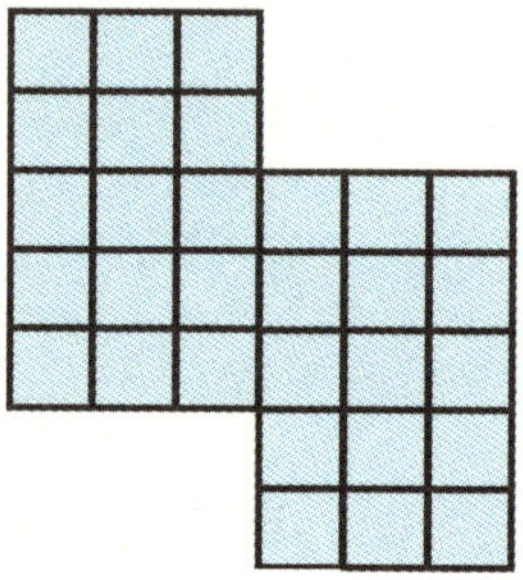
图1

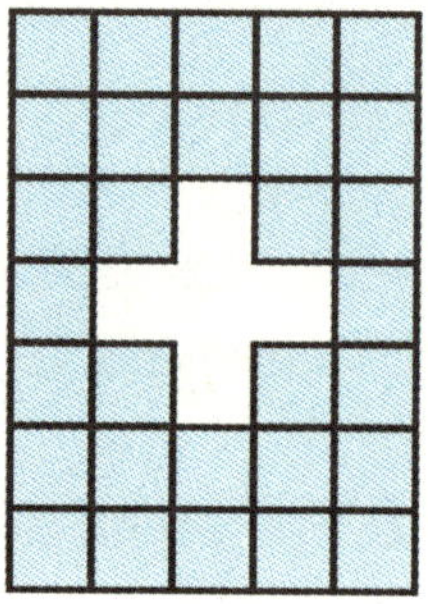
图2

213 七只羊

如图所示，在一个正方形的院子里有七只羊，假设这些羊不会乱跑，你需要做的是，用三根笔直的围栏横穿这个院子，使每只羊都被围栏单独隔开。那么，你应该如何巧妙地放置围栏呢？

214 小面包谜题

图中的图案是由许多正方形的小面包组成的，缺失的部分是切割下来、已经被人买走的小面包。面包店老板的小儿子有些饿了，想吃面包，老板对他说："如果你能把这个图形沿着线分割成两块，然后拼成一个8×8的正方形，我就割下两块小面包给你吃。"小儿子想了一会儿，很快就做到了，自然也吃上了香喷喷的面包。请问他是怎么做到的？

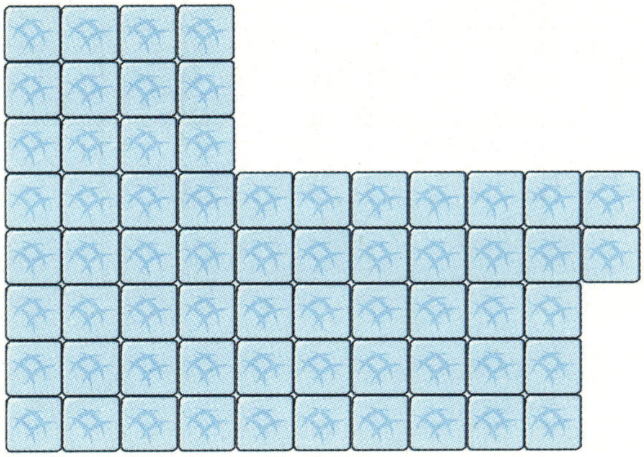

215 八根小木棍

孩子的想象力是很丰富的，有时候简单的小木棍也能成为他们的玩具。小鹏和小鑫现在手里有8根小木棍，其中4根的长度是另外4根长度的一半，他们把木棍放在桌子上，正在玩一个游戏，他们想让8根木棍首尾连接，组合成三个大小相等的正方形。如果换你玩这个游戏，你能做到吗？

216 裁剪布料

下图是一块正方形布料，布料被划分成25个小正方形，如果沿着直线把这块布料裁剪成四部分，使其中的两部分能够拼接成一块正方形的布料，另外两部分同样也能拼接成一块正方形布料。想一想应该如何裁剪呢？

217 正方形谜题

如图所示，把一张长是宽2倍的长方形白纸沿着对角线裁剪成两部分，形成两个三角形，然后把5个这样的三角形组合成一个正方形，为了降低难度，有一个三角形可以裁剪成两部分，但是其余的三角形必须保持原貌。你能完成这道谜题吗？

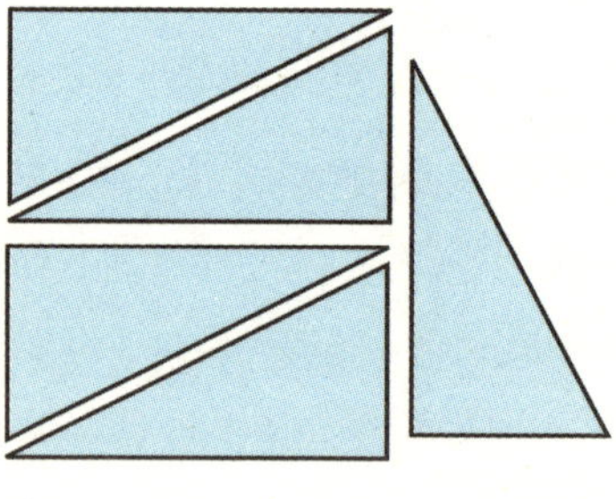

218 养殖户的猪圈

有一个养殖户在修建猪圈时发现，在需要围起来的猪的数量相同的情况下，如果修建一个长方形的猪圈，会比修建一个正方形的猪圈多用两根围栏，而且正方形猪圈里的每根围栏旁刚好都能放一个够一只猪吃的饲料桶。那么，这个养殖户到底有多少只猪呢？

219 两个正方形

在一大一小两张正方形的纸上画上一些大小相等的正方形，如图所示，大正方形纸是12×12，小正方形纸是5×5，下面需要把它们拼接成一个13×13的正方形纸，你只能沿着直线进行裁剪，不能出现废纸，并且只能裁剪成四部分然后进行拼接。怎样才能做到呢？

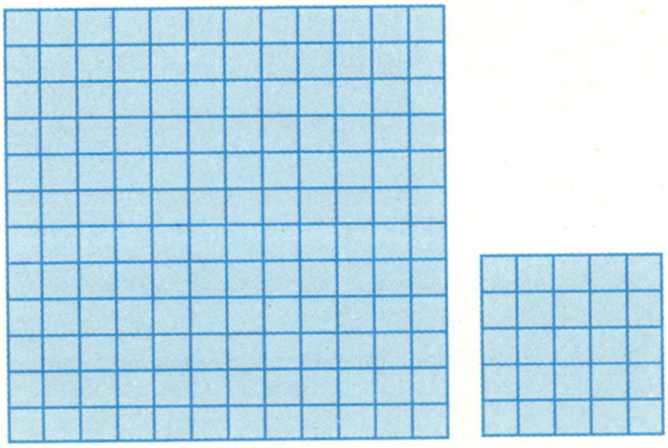

220 树和羊

有一个人有一块牧场，牧场上有11棵树（如图所示），他想把这块牧场分割成11小块，每小块上都有一棵树，用来拴住羊。那么，他应该如何分割，才能更少地用到围栏呢？

221 木板谜题

如图所示，这是一块不规则木板，如果想要沿着图中的直线分割木板，把它分为四部分，然后把这四部分组合成一个完整的正方形。你知道该如何分割吗？

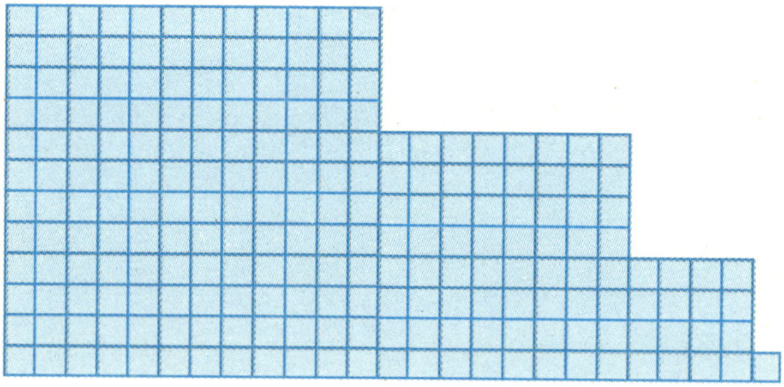

222 狗舍的门

如图所示，一个人想用一块正方形木板（图1）给自己的狗舍（图2）做一扇门，那么，他最少需要把这块木板锯成多少块才能完成这个任务？

图1

图2

223 花园的面积

一个人修建了一个小花园，经过测量，知道花园四面墙的长度分别为80米、45米、100米和63米，在花园里有一棵名贵的树，它到花园四角的距离相等。那么，你能算出花园的面积是多大吗？

224 布料店老板的谜题

一家布料店的老板正在考核一名新店员，他拿出一块布料（如图所示），然后对店员说："这块布料一共有169个方格，下面你沿着布料上的直线把它剪成三块，并且其中一块要尽可能地小，然后把这三块拼成一个正方形，你不要想着把布料翻转过来拼接，因为正面和反面的图案不一样，而组合成正方形以后，布料的图案一定要很好地吻合，如果你做到了，明天就转正。”新店员能否顺利地转正不去考虑，需要考虑的是，如果你是这名店员，你该如何裁剪和拼接，才能完成老板的要求呢？

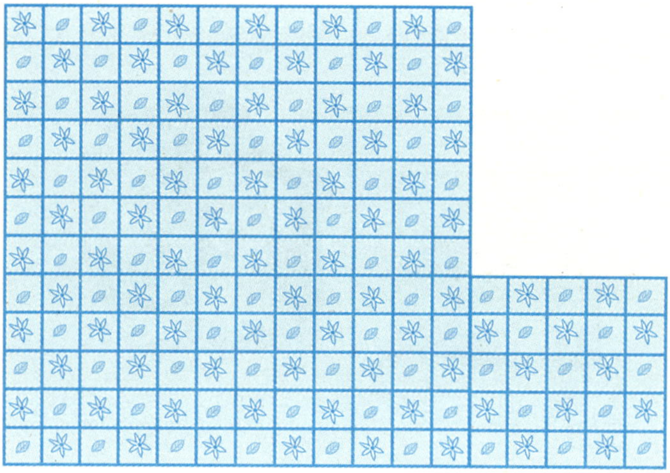

225 马蹄铁谜题

马蹄铁是一种钉在马蹄上的铁制蹄形物，用来保护马蹄。图中是两个被套上马蹄铁的马蹄，你可以在纸上画出类似的形状，然后把它们裁剪成两部分，最后使裁剪出的四部分能够组合成一个完整的圆。你能做到吗？

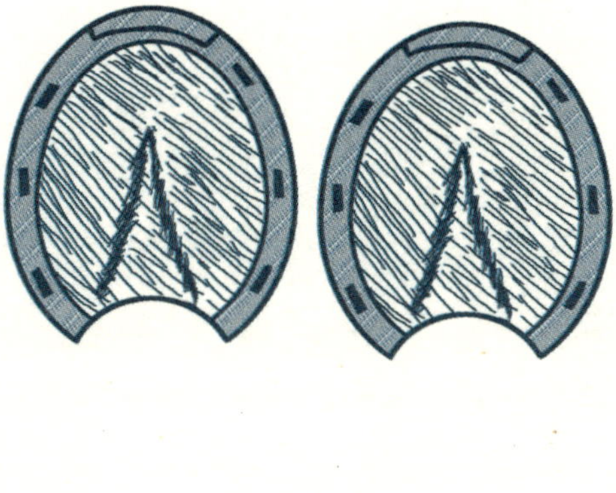

226 印度飞饼

印度飞饼是享誉印度的一道名小吃，在中国也很受欢迎，有四个小朋友非常喜欢吃。假设图中的三个圆圈代表三张印度飞饼，它们的直径刚好构成一个直角三角形，下面需要把这些饼分成五部分，使一个小朋友得到其中的两部分，其他三个小朋友每人得到一份。你知道应该怎么分吗？

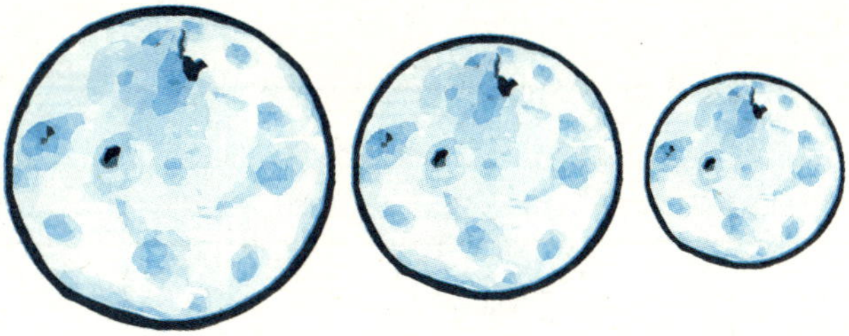

227 螺旋谜题

把一张白纸平铺在桌面上，然后拿出一对圆规，在不借助其他任何工具的前提下，如何才能画出图中那样的螺旋？同样是这张白纸，但是只有一个能够摆动的圆规，又该如何在白纸上画出一个椭圆呢？

228 方巾谜题

在一块正方形的大方巾上绘着两只狗，下面你需要做的是，把这块方巾裁剪成4块，但是不能破坏狗的图案，也不能添加和浪费任何部分，最后使4部分能拼接成两块正方形方巾，并且每块方巾上都有一条狗的图案，看起来似乎很有难度，但是仔细想一想，你会发现这是非常简单的。你能做到吗？

229 数三角形

在一所小学里，老师给同学们出了一道谜题，他在黑板上画出了如图所示的图形，然后让同学们试着数一数图中一共有多少个正三角形，谁最先答对，谁将获得一朵小红花。那么你能数对吗？一定要仔细地数，因为一不小心就会数错。

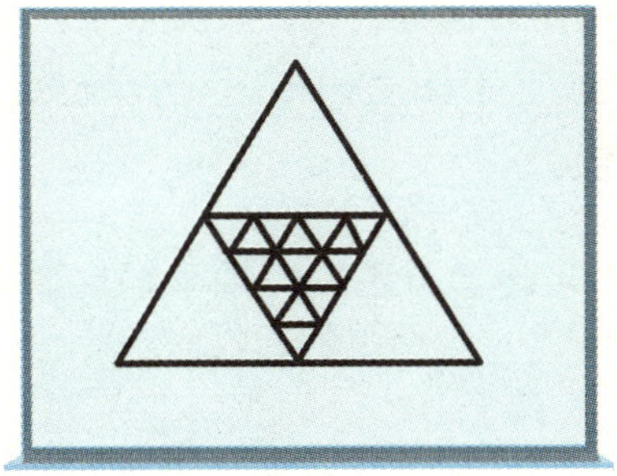

230 草坪谜题

如图所示，在一个长方形的院子里有一块草坪。一天，草坪的主人想对草坪进行修缮，他想保留一半的草坪面积，另一半面积把草除掉，变成一条围绕草坪的宽度确定的小径。这个人只有一卷卷尺来测量院子的长度，他该如何去设计呢？

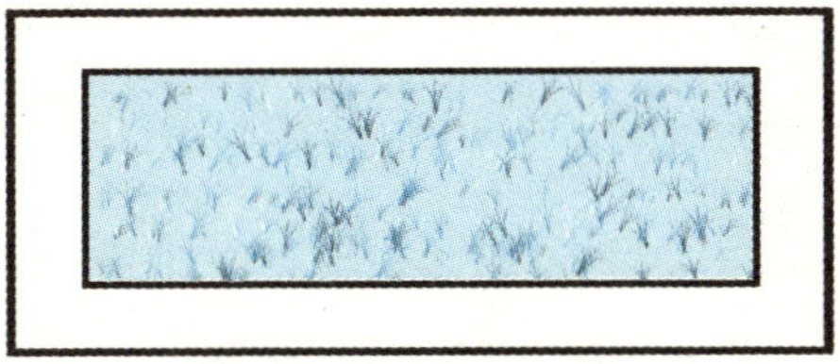

231 实习老师的谜题

一名大学生到一所学校实习，上课的时候，学生们欺负她是新来的老师，都在交头接耳地说话，没有人听她讲课。这名大学生想了想，在黑板上画出了下面的图案，然后指着它大声说：“静一静，如果你们谁能沿着直线把这个正方形切成4块，然后重新拼成一个正方形，使每横行、每竖行和对角线经过的4个数字相加之和相等，我就允许你们出去自由活动。”这群调皮的学生听了她的话，马上思考起来，可是他们平时不好好学习，自然无法解答出来这道谜题，于是只能乖乖地待在教室听这名实习老师讲课了。你能做出来吗？

1	15	5	12
8	10	4	9
11	6	16	2
14	3	13	7

232 分割谜题

如图所示，如果想要把图中的图形分割成20个正方形，只要沿着虚线进行分割就行，非常简单。下面我们增加一下难度，还是这个图形，抹掉虚线以后，尝试着把它分割成九部分，最终能组成四个大小相等的正方形。

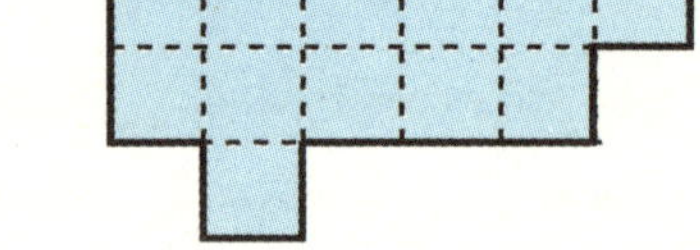

233 心灵手巧的人

有一个人非常节俭，并且心灵手巧。有一天，他找到一些大小不一的正方形布料，仅仅花了一周的时间，他竟然把这些布料拼接成一块正方形的大布料，并且在布料上画出了169个小正方形，每个里面都绘上了简单的图案，如图所示，这就是那块大布料。你知道它是由多少个大小不一的正方形小布料拼接出来的吗？

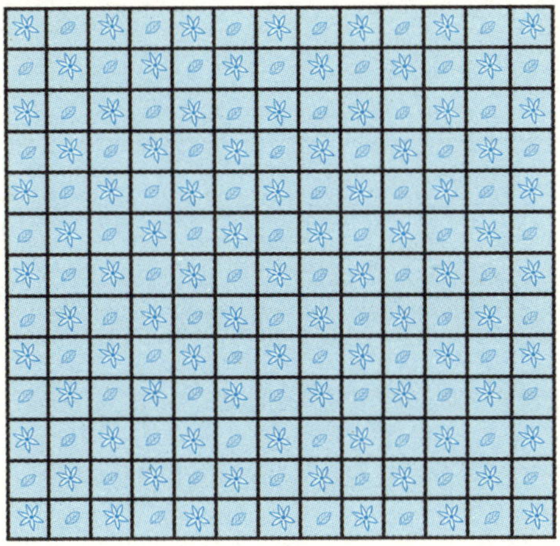

234 火车站谜题

两个同事坐火车出差，为了打发无聊的时光，甲对乙说："我出一道谜题，你计算一下，如果答对了，火车到站以后我请你吃饭。"乙欣然同意。甲出的谜题是："从 A 站到 B 站的距离是15千米，从 B 站到 C 站的距离和从 A 站到 C 站的距离是一样的，而 B 站到 D 站的距离是13千米，这两个站点到 C 站的距离也一样，A 站到 D 站的距离是14千米，你能算出 ABD 任意一个车站到 C 站的准确距离吗？"乙很聪明，简单算了一下就得出了答案。那么，你知道距离是多少吗？

235 切割木头

有一块木头长80厘米、宽40厘米、厚37.5厘米，下面需要把这块木头分割成长25厘米、宽15厘米、厚12.5厘米的小木头，在尽可能少地产生废木料的前提下，最多能分割出多少块呢？

第3章

“没有不可能”的魔方与棋盘

为了方便理解，这一章首先要对一些魔方类型做出说明，如图所示：图1是一个简易魔方，只是符合魔方的基本性质。图2是半纳斯卡魔方，除了具备魔方的基本性质外，还有相对立的两格同向短对角线相加等于34，也就是14+4+11+5=12+6+13+3=34。图3除了是半纳斯卡魔方，还具有关联性，也就是魔方中的每个数字如果加上与其以中点对称且同间距的数字等于17，比如1+16=2+15=3+14=17。图4则是纳斯卡魔方，所有同类底纹（斜纹、小圆点、大圆点）数字相加之和等于34，比如15+14+2+3=10+4+7+13=15+5+2+12=34。

1	12	14	7
4	15	9	6
13	2	8	11
16	5	3	10

图1

1	14	12	7
4	15	9	6
13	2	8	11
16	3	5	10

图2

1	14	12	7
8	11	13	2
15	4	6	9
10	5	3	16

图3

1	14	7	12
15	4	9	6
10	5	16	3
8	11	2	13

图4

下面四张图分别是加法、减法、乘法和除法的三阶魔方：图5将每行、每列和对角线上的数字相加能够得到常量15。图6用一条直线上的第二个数字减去第一个数字，再用之前的数字减去之前的差，可以得到常量5。图7将一条直线上的三个数字相乘，能够得到常量216。图8将一条直线上的第二个数字除以第一个数字，再用第三个数字除以之前得到的商，能够得到常量6。

加

8	1	6
3	5	7
4	9	2

图5

减

2	1	4
3	5	7
6	9	8

图6

乘

12	1	18
9	6	4
2	36	3

图7

除

3	1	2
9	6	4
18	36	12

图8

236 脾气暴躁的人

一个脾气暴躁的人和朋友下国际象棋，接连下了几局，脾气暴躁的人都输给了朋友，当他再一次输给朋友后，竟然气得拿起棋盘摔在了地上，如图所示，棋盘被摔成了13块，他的朋友捡起碎片，气愤地回家了，这个朋友想把碎片再拼成一个完整的棋盘，那么，他该怎么做呢？当然，估计以后不会再有人和这个脾气暴躁的人交朋友了。

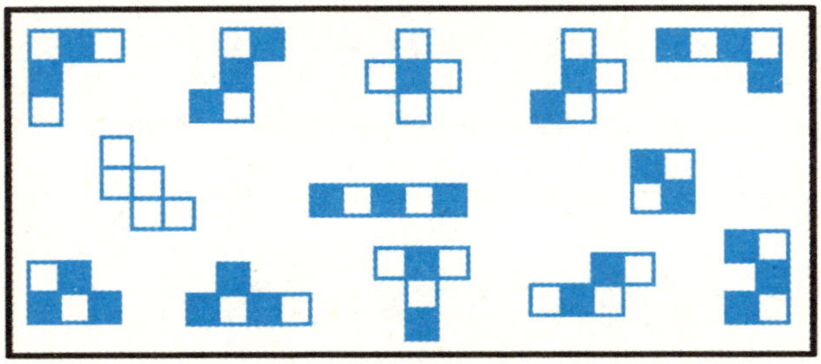

237 跳过数字卡片（一）

如图所示，在一张长方形的白纸上画出24个方格，然后把1到16的数字卡片摆放在上面，游戏规则如下：如果卡片周围有空位，就可以跳过旁边的卡片到空位，被跳过的卡片则被拿走，比如1号卡片跳过9号卡片，那么9号卡片就可以被拿走，2号卡片跳过10号卡片，10号卡片就可以被拿走，1号卡片再跳过2号卡片，2号卡片被拿走。以此类推，最终确保方格中只剩下1号卡片，需要注意的是，你不能沿对角线方向跳跃。

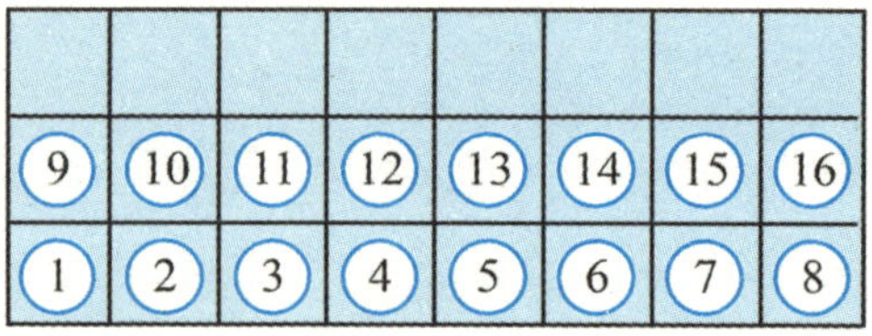

238 跳过数字卡片（二）

如图所示，这是上一道谜题的升级版，在一个棋盘里有32张数字卡片，游戏规则和上一道题相同，最终你只需要留两张数字卡片在棋盘的一边即可，这两张数字卡片必须是同一组的，所以只能从1～16或者17～32中选择，下面试着动手跳一跳，看看最后剩下哪两张数字卡片。

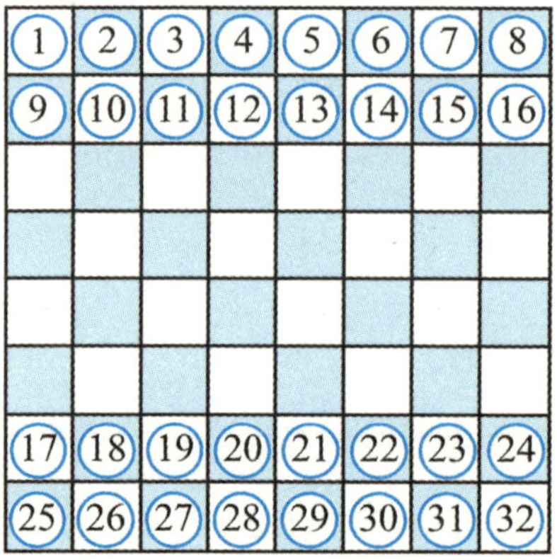

239 五人挪硬币

如图所示，有6个方块已经被标记上字母 A、B、C、D、E 和 F，下面5个人各拿5枚硬币放置在 A、B、C、D 和 E 上，旁观者喊“开始”，硬币 A 就要挪动到 A 出口，硬币 B 挪动到 B 出口，硬币 C 挪动到 C 出口，硬币 D 挪动到 D 出口，硬币 E 挪动到 F，但是五个人的行进路线不能够相交，那这5个人该如何挪动硬币呢？另外一个谜题是让一个人从标记为 W 的进口开始挪动硬币，硬币必须经过每个方格，但是不能经过两次，并且拐弯的次数要尽量少，最后到达那个标黑的方格。那么，这条线路你能找到吗？

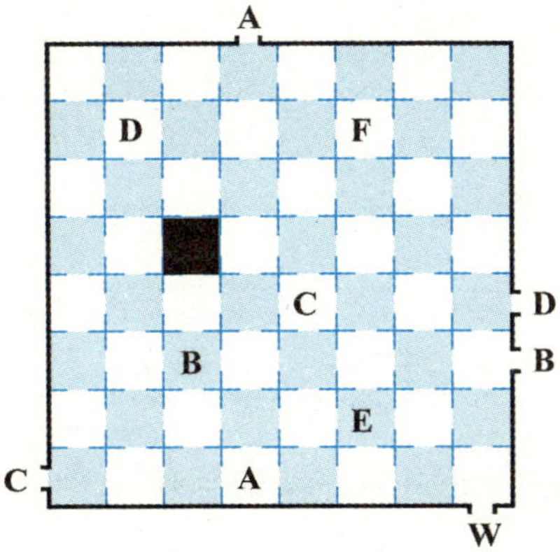

240 魔方谜题爱好者

小明和小鹏都是魔方谜题爱好者，一天小明到小鹏家里玩，小鹏马上拿出一块画有方格的硬纸板，如图所示，然后又拿出从1到25的数字卡片，对小明说：“咱们来玩魔方游戏吧，你需要把这25张数字卡片放在魔方中，保证每行、每列以及两条对角线相加之和都是65，木板上被涂蓝色的方格上的卡片只能是质数，你能完成这道谜题吗？”听完小鹏的要求，小明马上开动脑筋思索起来。下面你也赶紧开动脑筋，想一想如何完成这道谜题吧。

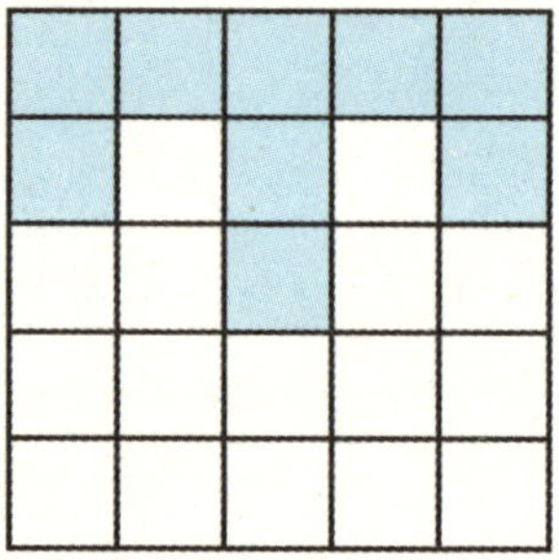

241 格子里的硬币

如图所示，这是一个带有16个方格的正方形，接下来要把4枚硬币放在方格里，必须确保每一横行和每一竖行最多只有一枚硬币，这道题很简单，试试有多少种摆法吧（放在另一条对角线上不能算一种新摆法）。

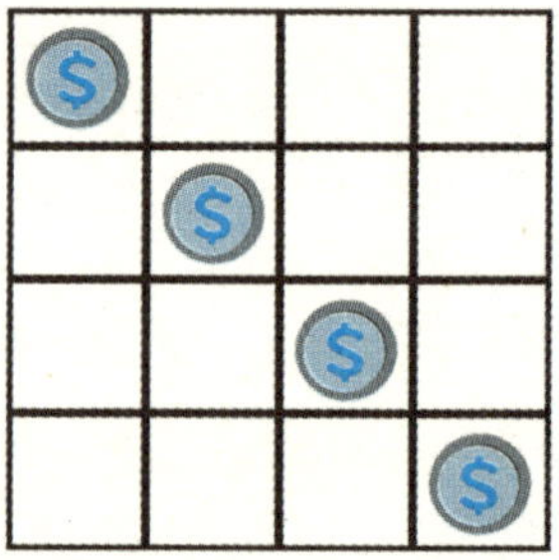

242 老师与学生

如图所示，假设连接图中圆点的直线是道路，现在一个学生和一名老师位于不同道路上的不同圆点上。那么，算一算学生能有多少种方法让自己和老师避免在同一条道路上相遇？

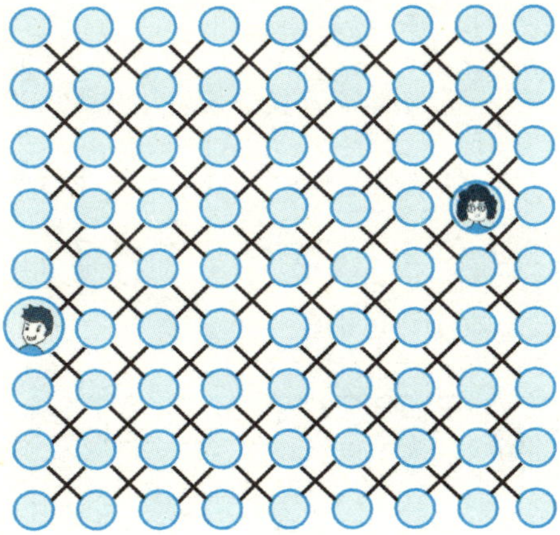

243 黑白棋游戏（一）

如图所示，把两枚白色棋子和62枚黑色棋子放置在桌面上，然后从一颗白色棋子开始，用手指轻轻画出14条连续直线，划过的棋子被拿掉，到达第二颗白色棋子时，你应该已经拿掉了所有棋子。你的手指不能离开桌面，画出的直线可以朝任意方向，但每一个转弯处必须在棋子上，也可以将同一颗棋子划掉两次。

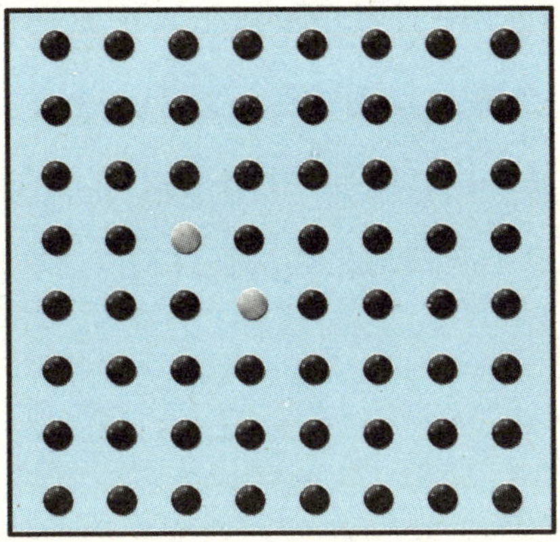

244 黑白棋游戏（二）

如图所示，从一颗黑色的棋子开始，画了15条直线，然后在另一颗黑色的棋子处结束，最终连接所有的棋子，从图中能够看出，每一个拐弯处都是在棋子上，并且直线和边以及方格中的斜线平行。那么，你能按照这个标准，通过12条直线连接所有棋子吗？

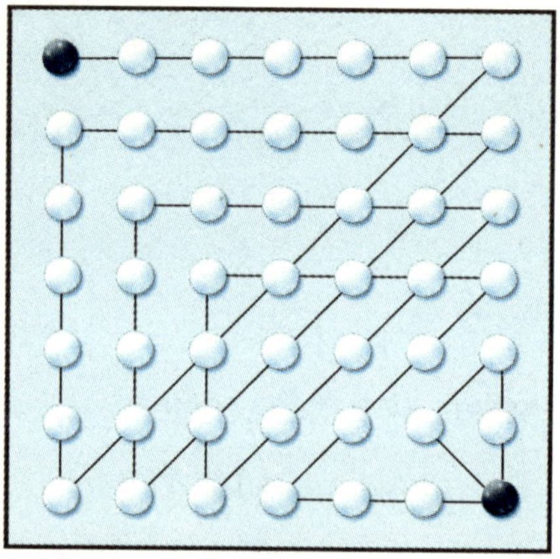

245 硬币的旅程

如图所示，把一枚硬币放置在棋盘上，在第10步的时候停在标为10的那个格子上，然后在第21步到达标记为21的格子上，最终还要确保硬币能够接触到每个格子一次，需要注意的是，不能在同一个方向进行两次移动，这样就意味着每一次移动之后都必须转向。

246 扑克牌魔方

图中的魔方是由9张扑克牌组成的，每行、每列及两条对角线的点数相加都等于15，下面用剩下的扑克牌（从 A 到10）组成3个这样的魔方，前提是不打乱顺序，最终使4个魔方数字相加得出的和都不一样。

247 金板上的宝石

在古代，有一位老人有一块纯金打造的金板，上面镶嵌着4枚宝石（如图所示），老人去世后，他的4个儿子为了如何分配这块金板而吵得不可开交。后来一个聪明人过来调解，把金板分成了相同形状的4份，每份有16个格子，并且上面都有一颗宝石，终于平息了这场无休止的争吵。那么，你知道聪明人是怎么做到的吗？

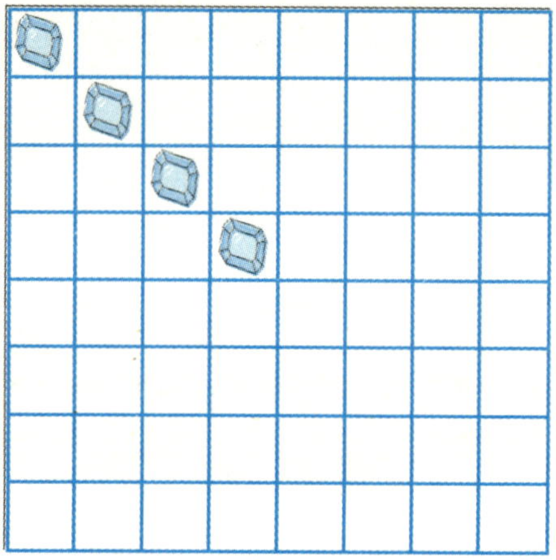

248 五角和一元

如图所示，在1和2这两个圆点位置放置两枚五角硬币，在9和10两个圆点位置放置两枚一元硬币，下面需要通过移动将五角和一元的硬币互换位置，可以按照任何顺序沿着点与点之间的直线一次移动一枚硬币，但是五角和一元的硬币不能出现在同一条直线上。想好该怎么移动了吗？

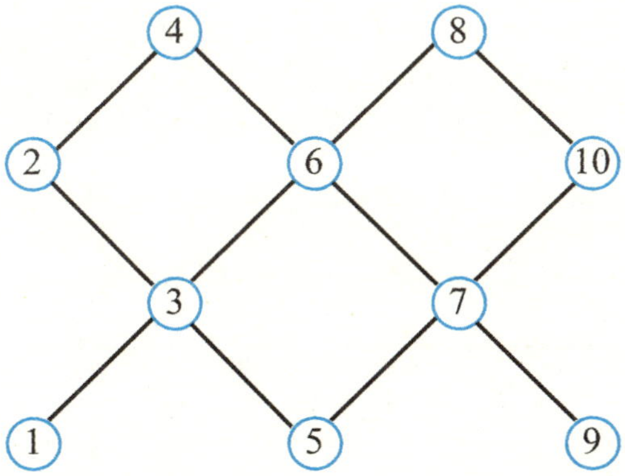

249 应聘者遇到的谜题

一个人到一家公司应聘，在笔试的时候，试卷上有这样一道谜题，如图所示，画出24个方格并标上序号，把16枚硬币放置在方格上，要求应聘者在移动次数最少，并且两枚硬币不能在同一个方格的前提下，让16枚硬币组成一个魔方，并且数字按照4行、4列以及对角线相加时，得到的结果是一样的。当然，只要不移动到方格外面，硬币每次移动的距离是不受限制的。如果你是应聘者，能答对这道题，应聘成功吗？

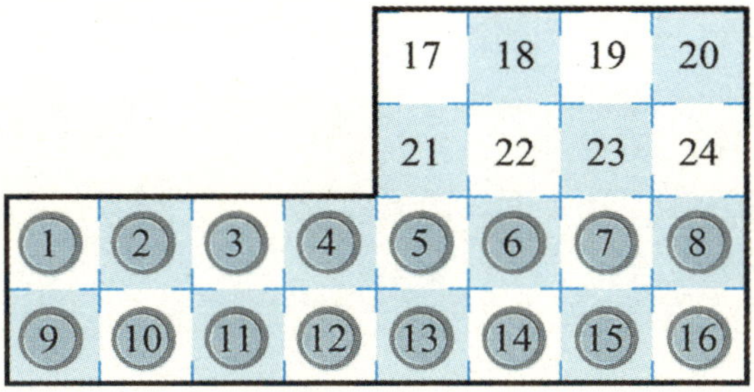

250 国际象棋棋盘

如图所示，这是一块国际象棋棋盘，想一想如果只沿着线对它进行分割，最多能切割成多少块？前提是要让每一块都不相同，蓝色和白色分布得不同也算不一样，比如1白2蓝和1蓝2白就算不一样。

251 滑雪比赛

如图所示，在一场滑雪比赛中，你从图中所示的位置出发，通过14条直线滑道碰触到64个旗杆，最后返回起点，需要注意的是，滑第7条滑道时，必须在标黑的旗杆处结束，为了降低难度，这场比赛允许参赛者滑出斜着的直线。

252 数字之和变15

这本书里所说的“魔方”，大部分是一些方块状的数字排列，使每行、每列以及两条对角线上的数字相加之和相等，比如下图中的魔方，把数字8放在一个方格内，接下来你需要在其他方格内填上不同的数，使每行、每列以及对角线上的数字相加之和都等于15。你能做到吗？

	8	

253 两组卡片

如图1所示，这是由25张字母卡片组成的图形，而图2则是由49张字母卡片组成的图形，下面把这两组字母卡片重新排列，保证它们不会有任何一个相同的字母和相同的数字出现在任何一行、一列和斜线上，你能做到吗？

R1	B1	Y1	O1	G1
R2	B2	Y2	O2	G2
R3	B3	Y3	O3	G3
R4	B4	Y4	O4	G4
R5	B5	Y5	O5	G5

图1

A1	A2	A3	A4	A5	A6	A7
B1	B2	B3	B4	B5	B6	B7
C1	C2	C3	C4	C5	C6	C7
D1	D2	D3	D4	D5	D6	D7
E1	E2	E3	E4	E5	E6	E7
F1	F2	F3	F4	F5	F6	F7
G1	G2	G3	G4	G5	G6	G7

图2

254 纸条变魔方

找出七张形状长度相同的长纸条，然后在它们上面分别标上从1到7的数字，如图所示摆成7行，下面需要做的是，用尽可能少的次数把长纸条剪断，然后把它们摆成一个魔方，确保每行、每列及两条对角线上的数字相加之和相等，不要试图将数字颠倒或斜着放，因为这是不符合游戏规则的。下面试着来完成这个游戏吧。

1	2	3	4	5	6	7
1	2	3	4	5	6	7
1	2	3	4	5	6	7
1	2	3	4	5	6	7
1	2	3	4	5	6	7
1	2	3	4	5	6	7
1	2	3	4	5	6	7

255 趣味移卡片

如图所示，在16个方格中放置16张数字卡片，分别从0到15，下面调换这些数字卡片的位置，使得每横行、每竖行以及两条对角线上的数字相加都等于30。你能做到吗？

1	2	3	4
5	6	7	8
9	10	11	12
13	14	15	0

256 棋子的移动

一天，小翠把妈妈叫到自己的房间，神秘地拿出一个国际象棋棋盘，然后拿出一枚棋子放置在棋盘上，如图所示。小翠对妈妈说：“妈妈，我给你出一道谜题，请你移动这枚棋子，保证棋盘上所有的格子它都能接触一次，并且仅能接触一次，最后它还要回到出发点，我只需要16步就能做到，你能做到吗？”如果你是妈妈，你能在16步之内完成这道谜题吗？

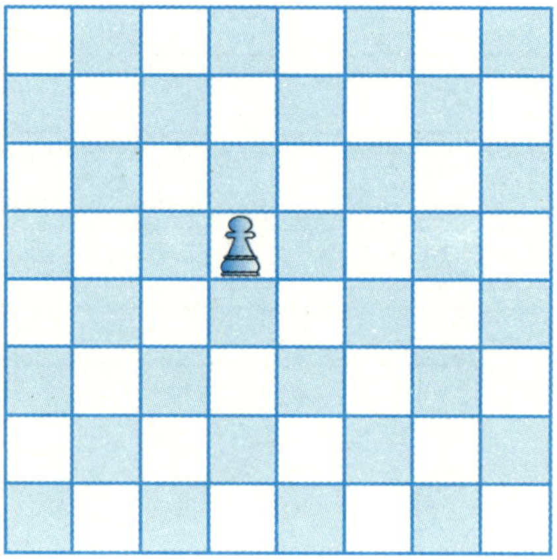

257 数字卡片魔方

如图所示，把从1到8的数字卡片分别放在八个方块中，下面确保一张数字卡片不被移动，并且两张数字卡片不能放在同一个方块内。那么，你能否用最少的移动次数来用剩下的卡片组成一个魔方？

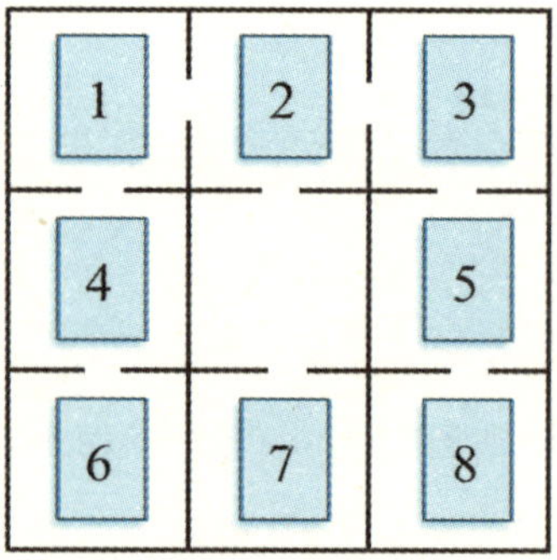

258 36张字母卡片

如图所示，在一张白纸上画36个方格，把36张字母卡片放置在里边，下面重新排列这些字母卡片，使任何一张卡片A都不会在垂直方向、水平方向或者对角线方向上和另外一张卡片A处于同一直线，其他卡片B、C、D、E、F也是如此，不需要把36张字母卡片都放置在格子里，只需要尽可能多地放置即可。

A	B	C	D	E	F
A	B	C	D	E	F
A	B	C	D	E	F
A	B	C	D	E	F
A	B	C	D	E	F
A	B	C	D	E	F

259 最爱双数的人

如图所示，一个喜欢双数的人在木板上画了很多小方块，画完之后他却发现，尽管横排和竖排都是双数，但是对角线却并不都是双数，这让他感到很苦恼，好在他的妻子帮他解决了这一难题，只需要把其中的一些方块涂黑，然后忽略掉，就能保证不论是总数、横排、竖排还是对角线都是双数。那么，需要涂黑哪几个方块呢？

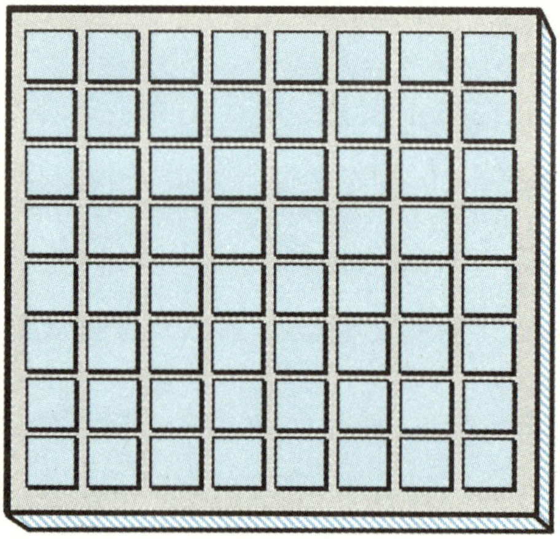

260 减法和除法魔方

用1到16这16个数字组成一个减法魔方，数字之间的关系为减法运算，用同一条直线上的第2个数减去第1个数，用第3个数减去它们的差，再产生一个差，再用第4个数减去这个差，则可得到一个常量。然后按照相同的规则，用这些数字组成一个除法魔方，数字之间的关系为除法运算，用同一条直线上的第2个数除以第1个数，用第3个数除以它们的商，得到另一个商，再用第4个数除以这个商，则可得到一个常量。

261 地牢营救（一）

如图所示，古代一名将军不小心战败，被敌国俘虏关在一座监狱里，监狱一共有64个地牢，由开着的门连接，将军的部下派出一名勇士去营救将军，现在他已经悄悄把监狱打开一个缺口，进入到地牢中，下面他就要试着找出一个由22条穿过地牢的直路组成的路线，并且保证每个地牢只穿过一次，同一个地牢不会第二次进入，最终成功营救出将军。

262 地牢营救（二）

第一次营救将军的任务最终出于某些原因失败了，敌人似乎也察觉到了某些异常，于是把将军关到了另外一间地牢，这次营救的勇士把地牢打开了一个缺口，并通过混在敌军的间谍通知了将军，将军想要出去，只能每个地牢都走一次，并且只能走一次，为了不被发现，他需要尽可能地拐弯，如图所示，最终将军走了55条直线得以逃脱，这很值得庆祝。下面的问题是，假设勇士把任意一个监牢打开了缺口，将军该如何移动，才能走更多条直线逃脱呢？

263 巧妙移棋子

如图所示，在一个9×9的正方形上放置9枚棋子，通过观察你会发现，现在在每横排、每竖排和对角线上都不会出现两枚棋子，下面把其中的3枚棋子移到相邻的方格中，移动后保证每横排、每竖排和对角线上还是不会出现两枚棋子。你知道该移动哪3枚棋子吗？

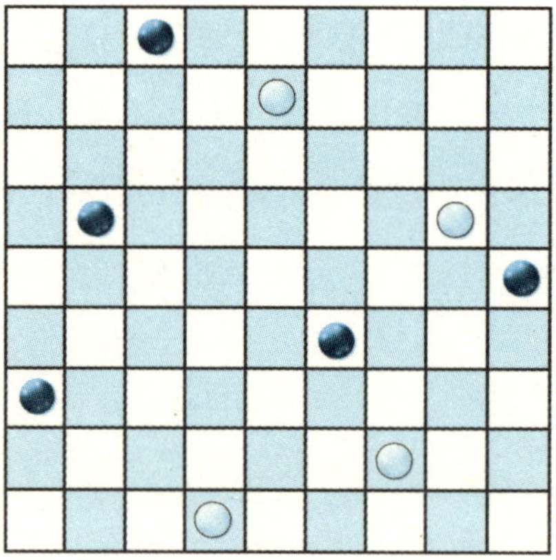

264 分糖果

新年就要到了，幼儿园给小朋友准备了一些糖果作为新年礼物。如图所示，幼儿园园长把所有糖果放在9个糖果盒里，每个糖果盒里都有一些糖果，但是糖果数目不一样，它们组成了一个魔方。下面园长让老师先任选一盒糖果分给一个班的小朋友，并且每个小朋友拿到的糖果数相同，老师数完糖果后，感到很为难，因为她发现无论选哪盒糖果，或者是无论分发给多少小朋友，都无法实现园长的要求。那么，请你猜一猜9盒糖果盒里的糖果数是多少呢？

265 八枚小红花

在一个班里，老师给学生们出了一道题，如图所示，他让学生们按照图示在白纸上画好图，然后把一朵小红花放在图中的位置上，并且不能移动，接下来需要把其他七朵小红花放置在图中除了阴影部分的方块内，使八朵小红花无论在水平、垂直还是对角线方向都不会有两朵小红花位于同一条直线上。如果你是学生，你能完成这道题吗？

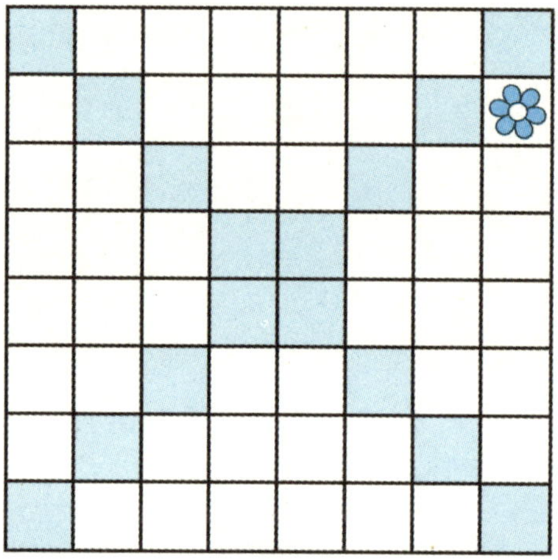

266 有关四枚硬币的谜题

如图所示，8个方框通过线与线的连接组成了这个图形，我们给它们标上序号，下面把两枚一元硬币放置在1号方框和3号方框上，把两枚一角硬币放置在6号方框和8号方框上，然后试着沿一个方框到另一个方框形成的直线移动硬币，一次只能移动一枚，连续移动也算作一次，在7次之内让一元硬币和一角硬币互换位置，你能做到吗？

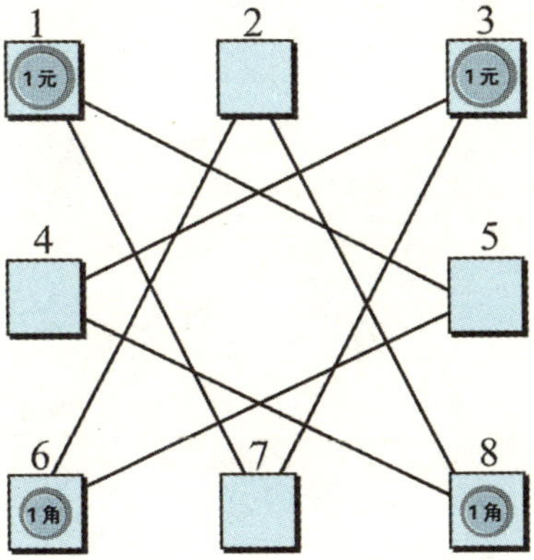

267 笼子里的狗

在一个卖狗的摊位上有16个笼子，它们像图中那样摆放，一个人想买一条狗，摊主要价500元，这个人还价到400元，两个人因为价格的问题僵持不下，后来摊主做出让步，对这个人说：“我出一道谜题，如果你能解答出来，就按400元一条卖给你。把这些狗编上数字编号，然后自由排列，组成一个魔方，编号无论是按行、列还是对角线相加，所得之和都是相等的，而且你不能让两条狗在一个笼子里。”买家听了，马上找了一块石子在地上画了起来，最终按照要求解开了这道谜题，并且移动的次数最少。请问他是如何做到的？

268 蚂蚁的旅行

如图所示，将一只蚂蚁放置在国际象棋棋盘中的任意一个白色格子里，让它进行一场旅行，蚂蚁需要把所有白色格子全部都爬一遍，可以两次经过一个白色格子，但是它爬的时候，需要尽可能少地拐弯，而且不能两次爬过某一个白色格子的同一角，也不能进入蓝色格子。请问蚂蚁应该如何进行自己的旅行呢？

第4章

不可思议的其他数学问题

269 员工的福利

一家烟酒店的老板拿出24瓶酒，分别是12个大瓶的酒和12个小瓶的酒，作为节日福利分给三个店员，但是老板可能没有注意，其中有5个大瓶和5个小瓶是空的，我们姑且不去管这些，现在三个员工如何才能把这24瓶酒平分？不要简单地每个人分8个，因为必须确保每个人得到的酒一样多，瓶子也一样多。

270 公交车上的对话

在公交车上，两个小朋友正在对话，甲："刚才和你说话的那个中年人是你爸爸吗？"乙说："他不是我爸爸，但是他的母亲是我母亲的婆婆。"那么请问，中年人和乙是什么关系？

271 难解的木棍谜题

一个人给了朋友9根相同长短的小木棍，然后让朋友找出一种排列方法，使它们看起来像个十，朋友很快就看穿了其中的鬼把戏，笑着拿出6根小木棍，让这个人拼出一个看上去一无所有的图形，这两道谜题已经难住过很多人。你能把它们解答出来吗？

272 董事长排座位

为了讨论企业转型，董事长A和其他七位董事B、C、D、E、F和G需要连续开三天的会议，他们是围绕着一张圆桌进行的会议。第一天，他们是按照字母顺序入座的，其余两天都是董事长安排座位，他总是让自己的亲信董事B能尽量离自己近一些，而安排他讨厌的董事G离自己远一些，而且他安排得很巧妙，每天开会时每个董事身边坐的人都不相同，那之后两天董事长是如何安排的座位呢？

273 过河的夫妻（一）

在古代，有五对夫妻需要一起过一条小河，河岸边只有一条能乘坐三个人的小船，而本着“男女授受不亲”的思想，这五个丈夫都不想让妻子和其他男人乘船或者待在河边，除非自己在场。假设丈夫分别标示为A、B、C、D、E，妻子分别标示为a、b、c、d、e，一去一返算作过河两次。那么，在满足要求的前提下，这五对夫妻需要多少次才能全部过河呢？

274 过河的夫妻（二）

在现代已经没有“男女授受不亲”的封建思想，有甲、乙、丙三对夫妻相约一起出去游玩，他们同样遇到一条小河，河上只有一条小船，一次只能坐两个人。很不巧的是，女士们都不会划船，而且甲夫妻中的丈夫和其他两对夫妻中的丈夫发生了争吵，于是他的妻子也和另外两位妻子发生了争吵，所以两个不和的人是不可能坐一条船过河的，也不可能留在河的两岸，更奇怪的是，两位女士也不想和一名男士单独留在河的同一边。这道谜题要问的是，需要乘小船过河多少次才能让所有的人都过河？

275 还剩多少硬币

小明和小伙伴们玩游戏，他拿出11枚一元的硬币，然后要求小伙伴们从11枚硬币里拿出5枚，然后添加4枚，最后剩下9枚硬币。小伙伴们感到很奇怪，因为无论他们怎么拿，最后总是剩下10枚硬币，这让他们很苦恼，但是小明很快就给出了正确答案，小伙伴们看了以后，都露出恍然大悟的表情。你知道小明是如何做到的吗？

276 走楼梯

小希和豆豆在玩一个走楼梯的游戏，在他们面前有一段短楼梯，不含楼梯平台一共有八个楼梯阶，他们定的游戏规则是从楼梯底部出发，然后返回地面一次，上两次楼梯台阶，每一节楼梯台阶经过的次数相同，看谁能先猜出一共需要多少步走完这段楼梯。那么，你能先猜出来吗？

277 涂魔方

你正在给一个魔方上色，需要满足红色和橙色、黄色和白色、蓝色和绿色各自在对方的对面。那么想一想，你有多少种涂色的方法呢？

278 土财主的三个女儿

在古代，有一个土财主有三个女儿，等到女儿逐渐长大以后，土财主宣布在她们成亲的时候，分别按照她们的体重送给她们相同重量的陪嫁。很快，三个女儿都找到了心上人，并在同一天成亲，三个女儿的总体重是396斤，大女儿比二女儿重10斤，三女儿比大女儿重10斤，新郎里柱子和他的心上人一样重，重八要比他的心上人重一半，牛二的体重是他心上人的2倍，三对新人的总体重是1000斤。那么，你能猜出三个女儿分别嫁给谁了吗?

279 家庭聚会

一个家庭在春节时举行了一场聚会，聚会成员由一位祖父、一位祖母、两位父亲、两位母亲、一位公公、一位婆婆、两个儿子、两个女儿、一个弟弟、两个姐姐、一位儿媳妇、三个孙子辈的孩子组成。聪明的你算了一下，马上得出参加聚会的是19个人，但是我要告诉你，只有7个人参加了聚会。为什么呢?

280 四人军棋大赛

一家公司举行为期11天的四人军棋大赛，公司里一共有12名员工，每名员工每天的搭档和对手都各不相同。那么，你知道每天他们是如何坐在三张桌子上进行比赛的吗?

281 枪声谜题

吉米、约翰和汤姆一起在河边玩耍，突然有一个打猎的人开了一枪，吉米听到了枪声，吓了一跳，汤姆只看到了烟雾，而约翰则看到子弹擦过他们附近的水面。那么，聪明的你想一想，三个小伙伴中，谁最先知道有人开枪的呢？

282 多米诺骨牌谜题

把五张多米诺骨牌按照适当的顺序排列（1靠1，2靠2，以此类推），如图所示，我们发现两端的骨牌点数相加等于5，中间3块骨牌点数相加也等于5。那么想一想，还有几种排列方式能得出这样的答案？

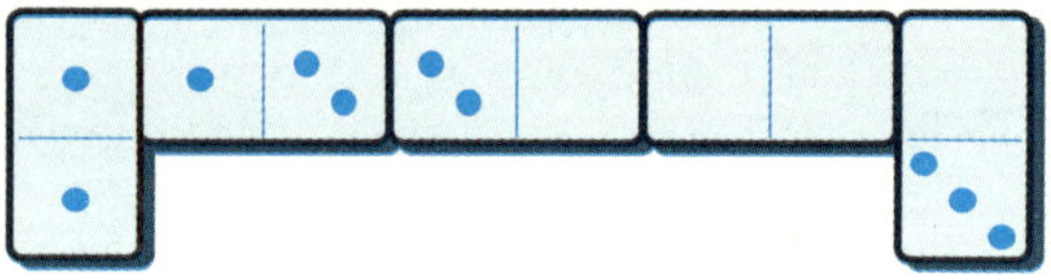

283 糖果盒里的糖

如图所示，有三个糖果盒放置在桌面上，下面要把10颗糖放进三个糖果盒，要求每个糖果盒里的糖的数量必须是奇数。你能做到吗？这道谜题难住了很多优秀的大学生。

284 饮料和水（一）

小皮是一个调皮的孩子，一天，他和小伙伴在家里玩，他想到一个鬼点子，他在一个小水杯里装上半杯饮料，在另一个大1倍的水杯里装了1/3的饮料，然后用水把两个水杯都填满，接着把两杯液体全都倒进一个更大的水杯里，做完这些后，他问小伙伴："现在你知道饮料和水各占多少吗？"这道谜题对小伙伴来说似乎有些难度，你能解出来吗？

285 饮料和水（二）

这天，小皮又想到了一个鬼点子，他拿出一个装满10斤饮料的容器和一个大水壶，然后倒出一水壶的饮料，再往容器里倒水，把容器装满。等到饮料和水混合在一起以后，他又倒出一水壶饮料，然后再用水把容器装满，这时容器里饮料和水的比例是相同的，做完这些以后，他又问小伙伴："你知道水壶的容量是多少吗？"小伙伴这次又被难住了，还需要你来帮忙解答一下。

286 中式台球比赛

在一家台球俱乐部里，有三个人一起打中式台球，每局需要打进15个球，谁击入球袋的球数最多谁就获得胜利，输的人要付这一局的费用。由于甲的水平最高，所以他允许乙和丙的进球数可以加在一起和他比较，正当他们要开始比赛的时候，丁也走过来想要参赛，但是他不接受任何额外的条件，坚持要按照平等的标准和三个人进行比赛，最终这局甲进了5个球，乙进了4个球，丙进了2个球，丁进了4个球。那么，按照约定，谁应该付这一局的费用呢？

287 十桶啤酒

一个烟酒店店主准备出售10桶啤酒，如图所示，每桶啤酒上都标了编号，桶上的数字越小，代表着桶里的酒质量越好，所以从第一桶酒到第十桶酒的价钱是依次递减的，店主想要让每桶酒的价钱都不能比它右边或者下边的那桶酒便宜，除了图中展现的摆放方法，还有多少种方法能满足这名店主的要求？

288 烧脑的骰子游戏

甲和乙玩掷骰子游戏，他们先要选择两对大于3的奇数，甲选择了5和11，乙选择了7和9，然后他们开始轮流掷3个骰子，第一轮甲掷出的点数之和是11，乙掷出的点数之和是9，两个人形成平局，第二轮甲掷出的点数之和是5，乙掷出的点数之和是13，甲取得了胜利。两轮游戏结束以后，相信你已经看明白了游戏规则。那么，你能找出两组数字，让甲乙双方获胜的概率是一样的吗？

289 今天是星期几

一个人问朋友："今天是星期几？"朋友想捉弄他一下，于是告诉他："当明天的明天是昨天时，今天到星期日的距离将与昨天的昨天是明天时，星期日到今天的距离相同。"那么，今天是星期几呢？

290 游戏室里的谜题

有12个孩子是好朋友，暑假的时候，他们都喜欢去一家游戏室玩游戏，但是这家游戏室很小，每次只能两个人玩，其余的人只能围观。那么请问，这12个孩子在11天里该如何组合，才能保证两个不重复地一起玩？我们暂且用从A到L的字母来代表这12个孩子，假设第一天他们按照（AB、CD、EF、GH、IJ、KL）这样的顺序轮流玩，然后就像这样一直排到11天。请问该如何组合？

291 阿里巴巴窃宝

你一定听说过《阿里巴巴和四十大盗》的故事，一天，阿里巴巴决定去偷窃另一伙盗贼的珠宝，这次他有了两个助手，比较麻烦的是，他们偷窃完珠宝以后，只能从一扇位于高处的窗户逃脱，窗外装有滑轮，滑轮的滑绳两端各有一个吊篮。一个吊篮落下，另一个吊篮就会升起，下滑吊篮中的物品重量不能超过上升吊篮物品重量的15斤，而且每一次一个吊篮只能放两个人或者一个人加上偷窃来的珠宝。已知阿里巴巴的重量是195斤，助手甲的重量是105斤，助手乙的重量是90斤，珠宝的重量是75斤，他们该如何带着珠宝顺利逃脱呢？

292 等距的五枚硬币

拿出四枚一元硬币，把其中三枚平放在桌面上，使它们互相接触，形成一个三角形，然后把第四枚硬币放在中心位置的上方，就能保证四枚硬币互相接触且是等距的，但是如果再加一枚硬币，让它们互相接触且等距，这似乎就变得有些难度了，那么你能做到吗？

293 游戏卡片

小刚有12张连在一起的游戏卡片，为了方便区分，他给它们标上了数字（如图所示），小刚的朋友想要其中的4张，小刚对朋友很大方，答应给他4张，但是朋友想要4张相连的游戏卡片，而且不能是只有一角相连。那么数一数，有多少种裁剪卡片的方法能够满足朋友的要求？

1	2	3	4
5	6	7	8
9	10	11	12

294 速滑比赛

在一场速滑比赛中，卫冕冠军在环形赛道上飞快地穿梭着，他前面选手的1/3加上他后面选手的3/4就是这场比赛的全部参赛人数。那么，你能算出来一共有多少名选手参加了这场比赛吗？

295 圆球摆放谜题

有一个玩具店老板进了一些圆球玩具，每个圆球的直径是2厘米，为了仓库有更多的空间去装其他的玩具，他需要把尽可能多的圆球装进一个长24910 厘米、宽2245 厘米、高为14厘米的箱子里。下面你帮玩具店老板算一算，到底能把多少圆球装进箱子里？

296 一样的土地

一个农户对朋友说："我有一块边长为100米的正方形耕地。"他的朋友笑着说："真巧，我的耕地面积刚好是10000平方米。"农户说："那咱们的土地是一样的啊。"请问农户说得正确吗？

297 羽毛球比赛

有四对选手参加羽毛球混合双打比赛，每对选手都是一男一女组合，为了增加比赛难度，举办方决定让每对选手不能成为搭档或者成为对手。现在有两块比赛场地，如果比赛连续进行三天，这四对选手应该如何组合呢？

298 扑克牌谜题

如图所示，9张扑克牌构成了一个十字架，水平列和垂直列的点数之和是相等的，都是23。下面把这些扑克牌打乱，试着算一下，究竟有多少种方法能够让水平列和垂直列的点数之和相等？

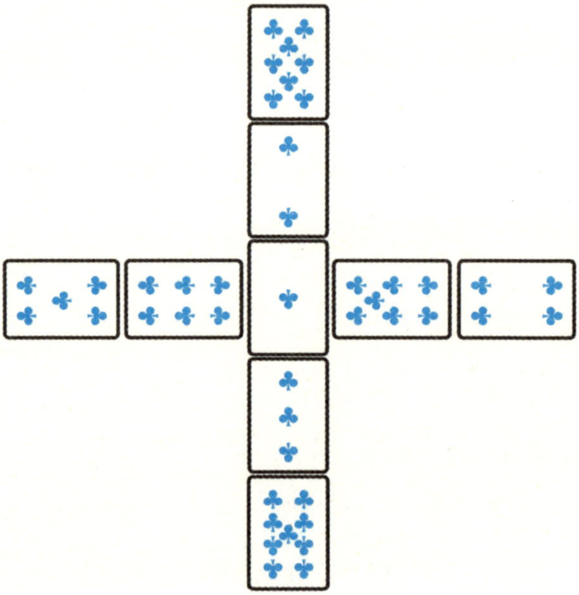

299 链子的谜题

如图所示，一个人养的狗的链子被调皮的孩子弄成了9段，如果他找人把这些断链修复成长链，那么每断开一个环，就需要花1元钱，重新焊接需要2元钱，而相同的狗链只需要26元一条。下面请你计算一下，这个人把断链修复成长链花费的钱少，还是买相同的狗链花费的钱少？

300 办公室的人数

一家公司租了一栋大厦的八间房间做办公室，又租了中间的房间做储物间（如图所示）。老板周一上班时发现很多人选择了最下面那行办公室，总人数是最上面那行办公室总人数的6倍，这让老板很生气，因为他不喜欢员工们搞小团体，于是让员工自行调整好办公室里的人数。周二的时候最下面三个办公室和最上面三个办公室的人数比变成了5倍，老板仍不满意，让员工继续调整。就这样，通过连续调整，周三的人数比变成了4倍，周四的人数比变成了3倍，周五的人数比变成了2倍。到了周六，每间办公室的人数终于相同了，这让老板感到非常满意。那么，这家公司一共有多少名员工呢？从周一到周六员工们又是如何调整的，使每间办公室都有人办公呢？

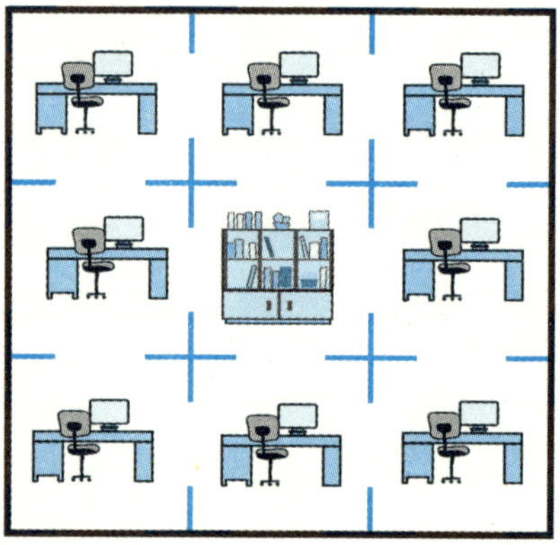

301 受伤的足球运动员

一家足球俱乐部的教练对经理说："最近几场比赛中，我们的外援有4人左腿受伤，5人右腿受伤，2个人右腿完好，3个人左腿完好。"通过教练的描述，你能知道这支足球俱乐部最少有多少名外援吗？

302 分蜂蜜

有三个人合伙做生意，他们一起凑钱买了14桶蜂蜜和7只空桶，这些蜂蜜还没开始卖，他们就产生了矛盾，于是结束合作，接下来就需要平均分配蜂蜜和桶。已知有7桶装满了蜂蜜，7桶装了一半的蜂蜜，三个人都不想要4只以上都是全满、半满或者空桶，而且为了避免浪费，在分配时不能把蜂蜜从一只桶转移到另一只桶。那么，你知道应该如何分配，才能平分这些蜂蜜和桶吗？

303 拿错的手机

8个好朋友聚餐，为了能谈得尽兴，他们约定一起把手机放在固定的位置，在吃饭时谁也不许玩手机。等到聚餐结束后，8个人都喝多了。假设他们是在醉酒的情况下随便拿的手机，而且每个人拿的都不是自己的手机，那么会有多少种拿法呢？

304 围栏移动

一个农户养了一群鸡，他在院子里设置了一些围栏把这群鸡隔开（如图所示），外围有16道围栏，里面有9道围栏，分别把这群鸡分为8只一群、两组3只一群和2只一群。接下来农户想移动2道、3道或者4道围栏，让这群鸡变成两组6只一群和4只一群。想一想，他该如何移动？

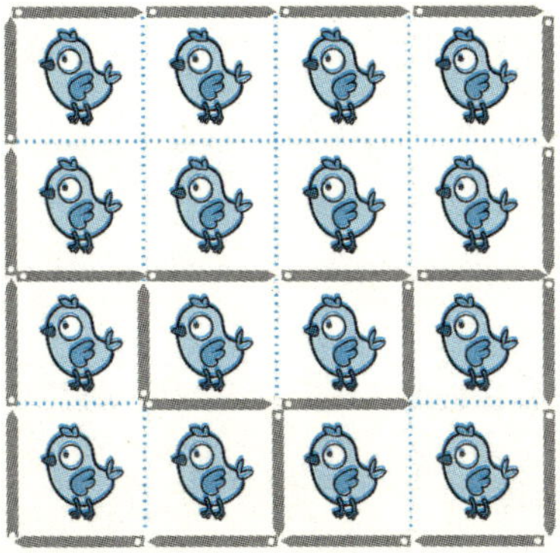

305 九张扑克牌

如图所示，图中的三角形是由9张扑克牌构成的，三条边的点数相加都等于20，那么你还能找到多少种不同的排列方式组成这样的三角形？三条边点数相加之和相等即可，并不用局限于结果等于20，但是简单地把4、9、5和7、3、8互换，或者把1和6换一下位置是不可以的。

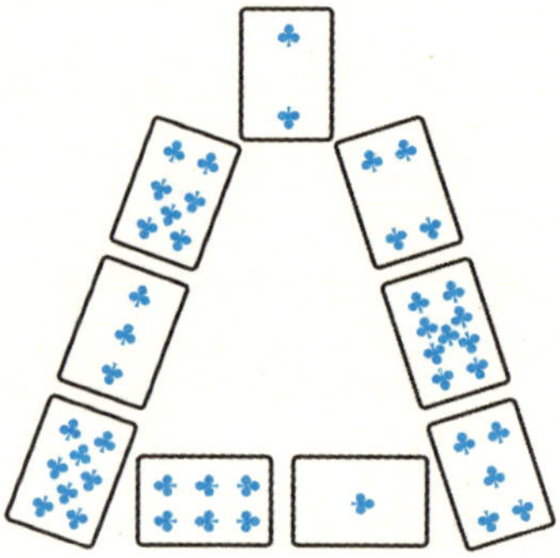

306 分酒谜题（一）

三个好朋友获得了12斤上好的白酒，装在一个大酒桶里，其中甲有一个5斤的容器，乙有一个3斤的容器。那么，在不借助其他器皿、白酒没有损耗的前提下，三个人如何才能精准地把12斤白酒平分呢？

307 分酒谜题（二）

一个人拥有两个装满10斤白酒的容器，一个5斤和一个4斤没有装酒的容器，接下来他想把3斤白酒装进每个容器里，他应该怎么做呢？

308 逃离古堡

一个少女被邪恶的国王关在一个古堡里，好在有一扇窗户是开着的，幸运的少女又在古堡里找到了一根长长的粗麻绳，少女试着把麻绳从古堡垂下，发现距离地面还有一半的距离，于是她把麻绳一分为二，然后把两段麻绳接在一起，通过垂下的麻绳顺利到达了地面，听起来是不是很荒谬？想一想少女是怎么做到的。

309 吹口哨

有四个人都喜欢吹口哨，下面试着让他们组合，每组组合只能出现一次，并且每个人每次只能移动一个位置，排在第一的人和排在末尾的人不能连续吹两次，最后一种组合方式再向前推进，就是第一种组合方式，那么有多少种组合方式呢？为了方便理解，我们以三个会吹口哨的人组合在一起做例子，得到如下组合方式：123、213、231、321、312、132。

310 小猪进猪圈

一个养殖户对朋友说："你知道怎么把15只小猪放进4个猪圈，并且让每个猪圈的小猪数目相同吗？"朋友想了几秒，马上说："这道题是无解的，除非把一些小猪分成两半。"养殖户狡黠地笑了，他把朋友拉到院子里，对朋友说："我刚好有4个猪圈，外面还有15只小猪，你看看我是如何安排这些小猪，把它们刚好放进4个猪圈，并且数目相等的。"随后，朋友就看到养殖户做到了，他惊得目瞪口呆。那么这个养殖户是如何分配这些小猪的呢？

311 数数字

把写有1到21的数字卡片打乱顺序，然后围成一个圆圈（如图所示），从任意一张数字卡片开始，按照顺时针的方向从1开始数，直到所数数字和卡片上的数字相同，就把这张卡片拿走，然后接着从下一张卡片开始从1顺时针数起。比如你从卡片18开始数1，那么你第一张拿走的卡片肯定是19，接下来拿走的肯定是10，但是你所数的数字不能超过21，否则游戏就失败了。在游戏开始时，你可以把任意两张卡片调换位置，以确保你能拿掉所有的卡片。

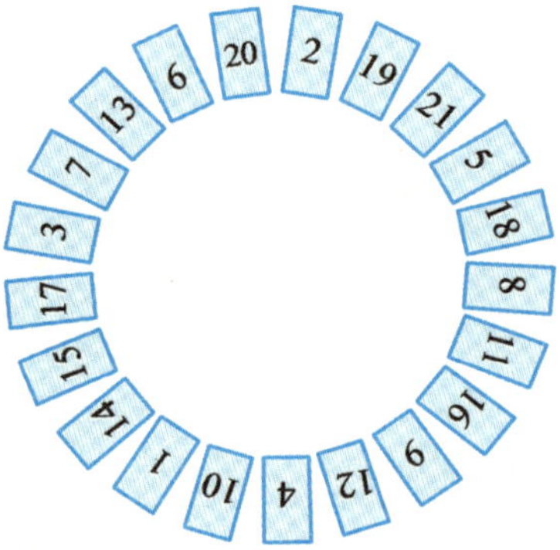

312 神奇的计算

两个人在酒吧玩掷骰子的游戏，游戏的规则是乙不能看甲掷出的点数，甲掷了三次，点数分别是1点、3点和6点，乙没有问甲掷出了几点，而是让他在第一次掷出的点数上乘以2以后加上5，然后再乘以5，得到的结果加上第二次掷出的点数，然后乘以10，再加上第三次掷出的点数，计算完以后，甲告诉乙，最终的总数是386，乙马上得出甲三次掷出的点数分别是1、3、6。请问他是怎么做到的？

313 打猎

在国外，有一个人很喜欢打猎，也很爱吹牛。有一天，他又开始对朋友炫耀："昨天我和儿子去打猎，穿过一片草丛时跑出来两只野兔，我于是随便开了几枪，竟然打死了2/3的野兔，然后我的儿子也开枪打剩余的野兔，打伤了3/24只野兔，剩下的全逃跑了，后来我们通过计算发现一共有24只野兔，你知道我和儿子开枪以后，还留下多少只野兔吗？"他的朋友马上说出了答案——七只野兔，但是这个人却说是错的。那么，你知道答案是多少吗？

314 飞进盒子里的鸟

有一只重20克的小鸟通过一个盒子上的小洞飞进了盒子，然后它却飞不出来了，只能在盒子里不停地展翅飞翔。那么问题来了，这只鸟会不会增加盒子的重量呢？

315 汽车租赁

一个大家族外出旅行，全家一共有15个人，预计旅行7天，在外出前，行动不便的奶奶无法跟随家人外出，但是她表示自己出一道谜题，如果家人们能够解答出来，这次旅行的费用就由她出。奶奶要求每天家人们一起租车外出，但是每辆车上只能坐三个人，每个人每次都必须和不同的家人在一起，以增进家人们之间的感情，为了增加难度，奶奶要求每个人每天乘坐的车也都不能相同，家人们必须租赁最少的车完成任务。如果你是这个家族中的一员，你能够解出奶奶的谜题吗？

316 拓展训练

一家公司为了提升团队的凝聚力，派出9名员工外出进行拓展训练，教练要求他们在6天中需要保持每三人一组，但是每个人每次都不能和同一个人肩并肩走在一起。下面我们用9个数字来代表这9名员工，第一天组合如下：123、456、789，那么1以后就不能和2在一起，但是可以和3在一起，以此类推，这9名员工在接下来的5天中该如何组合呢？

317 过河谜题

两对夫妇带着各自的孩子去郊外旅游，途中要过一条河，但是河面上只有一条公用的小船，一次只能载重150斤。巧合的是，这两对夫妇中丈夫的体重一样都是150斤，妻子的体重也一样，都是75斤，两个孩子共重70斤，那么，他们应该怎样坐船才能顺利过河呢？

318 卡片间的距离

如图所示，在一块长为12.5厘米、宽为7.5厘米的长方形纸板上放置直径为2.5厘米的圆形卡片，把1号卡片随意放置，2号卡片放置在离它2.5厘米的位置，3号卡片离2号卡片2.5厘米远，以此类推，我们看到图中已经放置了10张卡片，这似乎已经到了能放置卡片的极限数目，但其实只要放置得巧妙，还能够多放置一些卡片。那么，最多能放置多少张卡片呢？

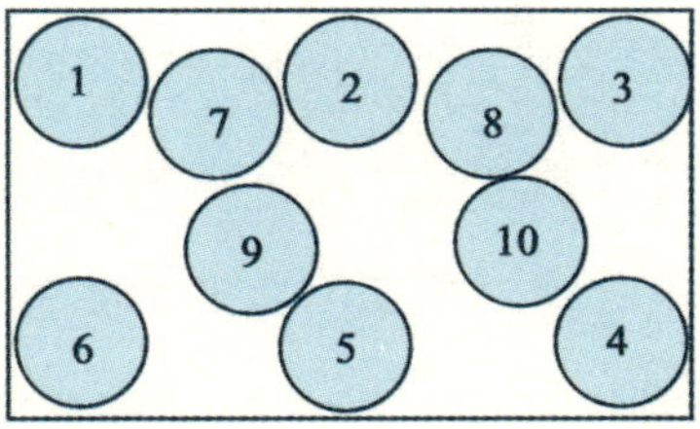

319 卖鲜牛奶

一个小贩挑着两桶鲜牛奶沿街叫卖，每桶牛奶重10斤，有两个家庭主妇出来买鲜牛奶，她们分别拿了一个4斤的容器和一个5斤的容器，每个人都想要2斤牛奶，小贩没有其他测量工具，只能借助桶和容器把牛奶倒进倒出。那么，他该如何才能倒出买主想要的鲜牛奶呢？

320 升降谜题

在一个古堡里，有一家三口被囚禁在这里。有一天，看守大发慈悲，决定给他们一个机会逃脱，看守在古堡的窗户外安装了一组滑轮，两边各放一个吊篮，让一家三口通过吊篮逃脱，但是，吊篮每次降下和升起的物品重量之差不能超过30斤，而一家三口中丈夫重210斤，妻子重90斤，孩子重30斤，他们还打包了60斤的物品，物品和孩子没有夫妻俩的帮助，不能主动从篮子里出来，那么，他们怎样才能顺利逃脱呢？

321 忙碌的送奶工

一个送奶工每天要给四个小区的客户配送牛奶，每个小区都要配送同样数量的牛奶。这天，他在车上放了两桶牛奶，每桶128斤，然后开始送奶。第一个小区的任务完成后，他用自来水把牛奶桶接满，接着又去第二个小区送奶，送完以后接着把牛奶桶用自来水接满……就这样把四个小区的牛奶全部送完，这时他的牛奶桶还剩81斤纯牛奶。那么，每个小区他都配送了多少纯牛奶呢？

答案

第1章　超好玩的烧脑数字谜题

001 分糖果

假设小明拿了12粒糖果，那么小红就拿到9粒糖果，小刚拿到14粒糖果，总糖果数770粒除以他们假设所拿糖果数之和35，等于22。这时再用12、9和14分别乘以22，就能够得出三个小朋友所分糖果数，分别是小明264粒、小红198粒、小刚308粒，而三个小朋友的年龄之和是17.5，刚好是他们假设所拿糖果数之和35的一半，由此得出小明的年龄是6岁、小红是4.5岁、小刚是7岁。

002 少了一元钱

一袋白糖的价格是5元钱，一袋盐的价格是4元钱。

003 善良的人

把善良的人最初口袋里的钱设为X，那么第一个乞丐得到$\frac{1}{2}$X+1，他口袋里的钱剩下$\frac{1}{2}$X−1，第二个乞丐得到$\frac{1}{2}$（$\frac{1}{2}$X−1）+2，他口袋里的钱剩下$\frac{1}{2}$（$\frac{1}{2}$X−1）−2，第三个乞丐得到$\frac{1}{2}$〔$\frac{1}{2}$（$\frac{1}{2}$X−1）−2〕+3，他口袋里的钱剩下$\frac{1}{2}$〔$\frac{1}{2}$（$\frac{1}{2}$X−1）−2〕−3，而$\frac{1}{2}$〔$\frac{1}{2}$（$\frac{1}{2}$X−1）−2〕−3=1，最终通过计算得出X=42。

004 一对好朋友

7年后，明明和丽丽的年龄相加之和是63岁，那么现在他们的年龄相加之和则是49岁。当明明的年龄是丽丽的年龄时，他的年龄是丽丽那时年龄的2倍，而丽丽现在的年龄是原来的2倍，所以明明的年龄是那时丽丽年龄的3倍，他们的年龄之和是丽丽那时年龄的5倍，所以那时丽丽的年龄是9.8岁，现在的年龄是19.6岁，而明明现在的年龄则是29.4岁。

005 体重谜题

李颖的体重是135斤，大儿子25斤，小儿子10斤。

006 自驾旅行

一共有900名员工参加了这次自驾游，出发时小巴车有100辆，每辆车9个人。

007 四对表兄妹

丽丽和小勇是一对表兄妹，他们拿到了4个苹果。莹莹和小冰是一对表兄妹，他们拿到了10个苹果。欢欢和明明是一对表兄妹，他们拿到了6个苹果。小霞和小刚是一对表兄妹，他们拿到了12个苹果。

008 天平上的物品

从题干能够得知，12枚大枣等于4块糖和8枚大枣，所以4块糖的重量和4枚大枣的重量是一样的，也就是1块糖 =1枚大枣，所以在天平的一端放1个苹果，另一端放9枚大枣，即可维持天平的平衡。

009 标准竞赛马的买卖

一匹马买时花了264000元，卖了295680元，赚了12%。另一匹马买时花了220000元，卖了198000元，损失了10%，买两匹马时一共花了484000元，现在一共卖了493680元，因此赚了2% 的利润。

010 爬旗杆的蜗牛

蜗牛能够在第18天的白天到达顶端，晚上的时候它开始下滑，所以第18天一整天它已经下滑了2米，接下来只需要计算剩下的18米需要多久滑下即可。因为蜗牛夜晚下滑2米，所以在白天向上爬行时，它需要克服下滑2米的阻力，如果在水平面上，同样的时间蜗牛实际能爬行5米，因此白天下滑时，蜗牛靠自己的力量下滑了5米，靠下滑趋向的推动力下滑2米，实际下滑7米，再加上晚上下滑的2米，一天就可以下滑9米，所以在第20天晚上下滑以后，蜗牛就完成了上下全程。

011 便利店谜题

假设2元的矿泉水为x，1元的矿泉水则为6x，2.5元的矿泉水为y，则2x+6x+2.5y=60，也就是8x+2.5y=60，从而得出y=（24−3x）−x/5，其中x、y为正整数，并且0<x<8，所以x一定是5的倍数，由此得出x=5，通过计算得出y=8。

所以，售货员拿了5瓶2元的矿泉水、30瓶1元的矿泉水、8瓶2.5元的矿泉水。

012 投票谜题

当你为1名竞聘者投票时，你有23种投票方法，当你为2名竞聘者投票时，你有253种投票方法，当你为3名竞聘者投票时，你有1771种投票方法，按照顺序你分别有8855、33649、100947、245157、490314种投票方法，当你为9位竞聘者投票时，你有817190种投票方法，最后将这些数字相加，得出你有1698159种投票方法。

013 数字和平方

一共有两个四位数能得出3025那样的结果，其中一个是2025，从中间分开得到20和25，相加之和等于45，45的平方是2025，但是它不符合题目中要求的4个不同的数字。另一个是9801，从中间分开得到98和1，相加之和是99，99的平方还是9801，它完全符合要求。

014 爬山谜题

文学爱好者来回的距离相同，所以他上、下山的路程是相同的，而且上山的速度是下山的1/3，所以上山的时间就是下山时间的3倍。已知来回两段路程需要6小时，那他上山的时间就是4.5小时，下山的时间是1.5小时，速度（1.5千米/小时）× 时间（4.5小时）= 路程（6.75千米）。

015 花了多少钱

这个人带了99.98元，花费了49.99元。

016 甜品店的顾客

从题干得知，回馈的顾客中，最多有9对情侣顾客，最少有7对情侣顾客，如果有10对情侣顾客，则消费1260元，超出了店主的预算，如果有6对情侣顾客，则消费756元，剩下的444元回馈顾客，会超过25人。当有9对情侣顾客时，消费1134元，还剩66元，可以供2个单身女顾客和1名单身男顾客消费，总人数达不到25。当有8对情侣顾客时，消费1008元，还剩192元，可以供4个单身女顾客和4个单身男顾客消费，或者9个单身女顾客和1个单身男顾客消费，总人数也不是25。当有7对情侣顾客时，消费882元，剩下318元，可以供1个单身女顾客和10个单身男顾客消费，也可以供6个单身女顾客和7个单身男顾客消费，也可以供11个单身女顾客和4个单身男顾客消费，还可以供16个单身女顾客和1个单身男顾客消费。由此可见，只有1名单身女顾客、10名单身男顾客和7对情侣顾客在场时，才能够满足店主的要求。

017 抛硬币谜题

如果同时抛出5枚硬币，当第1枚硬币掉下来时，会有两种掉落方式，其他4枚硬币同样有两种掉落方式，$2\times2\times2\times2\times2=32$，这32种掉落方式需要通过下面的表格展示。

A	5个正面	1
B	5个反面	1
C	4个正面1个反面	5
D	4个反面1个正面	5
E	2个正面3个反面	10
F	2个反面3个正面	10

从表格中能够看出，只有ABCD符合题意，一共有12种掉落方式，而EF是不符合题意的，一共有20种掉落方式，所以至少出现4个正面或者4个反面的概率应该是12/20。

018 时间谜题

时间是上午9：36，从午夜到这时的1/4是2小时24分，从这时到午夜的时间的一半是7小时12分，从而得出了答案。

019 相遇的火车

假设两辆火车的速度分别是x、y，经过z（时间）后它们相遇，所以4y=xz，x=yz，最终得出x/y=2，所以速度快的火车车速是速度慢的2倍。

020 买病狗

假设这个人买狗粮花费的钱为x，那么能够得到$x-340=130+\frac{1}{4}x$，通过计算得出x约等于627元，减去他赚的340元，实际上他大约赔了287元。

021 乘法谜题

这个数字是32547891，用它乘以6，得到的答案是195287346，刚好符合题意。

022 奶牛谜题

两头奶牛的进价分别是15000元和5000元。

023 珠宝箱谜题

1号珠宝箱有4枚珠宝，2号珠宝箱有3364枚珠宝，3号珠宝箱有6724枚珠宝，4号珠宝箱有2116枚珠宝，5号珠宝箱有5476枚珠宝，6号珠宝箱有8836枚珠宝，7号珠宝箱有9409枚珠宝，8号珠宝箱有12769枚珠宝，9号珠宝箱有16129枚珠宝，它们分别是2、58、82、46、74、94、97、113、127的平方，且三组的等差数都是3360。

024 牛奶的重量

通过题目能够得出3/4斤的砝码等于1/4桶牛奶的重量，所以一桶牛奶等于12/4，也就是3斤重。

025 鸡蛋的价格

这个人买了16个鸡蛋，由于老板又送给他2个，所以他买了18个鸡蛋。

026 工资涨幅谜题

通过计算能够得出，甲5年里的总工资是35万元，乙5年里的总工资是362500元，聪明的乙比甲多拿了12500元。

027 乒乓球比赛

参赛者在这次比赛中获得冠军的概率是1:31。

028 分期付款

第一年的利息是欠款总额的5%，第二年的利息是扣除第一年应归还的欠款（需扣除利息）以后欠款总额的5%，依次递减，最终得出总房价是532947.68元。

029 众人的拥抱

通过题目能够得知，丧偶的男人没有和任何人拥抱，所以他应该被排除在外，参加这个主题的人一共有39人，假设每个人都和别人拥抱了一次，一共可以拥抱741次，所有的单身小伙子都和单身的女孩拥抱了两次，那需要再加上120次，但是男性不能和男性拥抱，所以需要减去171次，已婚的男性不能和妻子以外的已婚女性拥抱，还需要减去42次，寡妇之间也不能互相拥抱，还需要减去3次，最终拥抱的次数是645次。

030 紧急的约会

答案是60千米。如果正午出发，5点到达，李明每小时骑15千米，他将4点到达约会地点（提前一小时），如果李明每小时骑10千米，他将6点到达约会地点（迟到一小时）。

031 特价促销

在促销的当天，这位女士买了10个盘子，每个13元。在第二天她按照每个15元的价格退掉了10个盘子，得到150元，买了18个小碟，每个3元，买了8个碗，每个12元，所以130元能够在促销的当天买13个碗，每个10元。

032 卡牌游戏

在游戏开始前，甲和他的小伙伴各自拥有100张卡牌。

033 卖鸡趣题

这个人一共养了101只鸡。甲买走了50.5+0.5只，也就是51只，还剩50只。乙买走了$16\frac{1}{3}+\frac{2}{3}$只，也就是17只，还剩下33只。丙买走了$8\frac{1}{4}+\frac{3}{4}$，也就是9只，还剩下24只。丁买走了$4\frac{4}{5}+\frac{1}{5}$，也就是5只，最后还剩19只。

034 神奇的数字

三个最小的数字分别是1680、57120和1940448，它们分别加1就是41、239和1393的平方，它们的一半加1分别是841、28561和970225，分别是29、169和985的平方。

035 买糖果

用30元乘以$5\frac{1}{6}$，得到的结果是155，所以用30元可以买155粒糖果，如果店主再给小朋友1粒糖果，那么1元钱能够买6粒，30元买180粒，小朋友1元钱多拿了5/6粒，30元就多拿了25粒，所以30元还是买155粒糖果，两个人说得都正确。

036 奇偶数谜题

两个数字分别是$79+5\frac{1}{3}$和$84+\frac{2}{6}$。

037 调皮鬼的年龄

通过题目能够知道，妈妈现在的年龄是小勇的4倍，而4年后，爸爸的年龄则是小勇的4倍，那时爸爸的年龄等于小勇现在年龄的4倍加上16岁，爸爸现在的年龄则是小勇现在年龄的4倍加上12岁，所以爸爸比妈妈大12岁。小勇出生时，妈妈的年龄是姐姐的4倍，所以现在妈妈的年龄是小勇出生时姐姐年龄的4倍加上小勇现在的年龄，所以小勇出生时姐姐的年龄是小勇现在年龄的3/4，而爸爸现在的年龄是小勇出生时姐姐的年龄加上小勇现在的年龄之和的3倍，前面已知爸爸比妈妈大12岁，所以小勇现在的年龄是9.6岁，姐姐的年龄是16.8岁，妈妈的年龄是38.4岁，爸爸的年龄是50.4岁。

038 鱼有多长

假设鱼身的长度为x，鱼头的长度为y，鱼尾的长度为z，从题目中我

们得到 $x=y+z$，$z=\frac{1}{2}x+y$，其中 $y=9$，那么 $x=4y=36$，$z=27$，所以鱼长为 9+36+27=72厘米。

039 疲劳的赶路者

假设路上两人相会处到B地的距离为x，那么A地到两人相会处的距离则是x+18，甲的速度就为x/13.5，乙的速度则是$\frac{x+18}{24}$。甲走（x+18）千米所需的时间是这段距离除以他的速度。已知这应该等于乙走x千米所需要的时间，当然等于x除以乙的速度，从而得出一个一元二次方程，最终得出x=54，所以B地到A地的距离是126千米。

040 时钟谜题（一）

假设三个时钟分别是a（准）、b（快）、c（慢），为了使它们能够再次一起指向12点，b至少要快12小时，也就是720分钟，同样c至少要慢12小时，还是720分钟，而b和c每过24小时分别快一分钟和慢一分钟，所以720天后，三个时钟才能同时指向12点。

041 时钟谜题（二）

如果时钟敲打6下需要6秒，那么敲打之间的时间间隔就是1.2秒，当敲打11下时，中间有10个时间间隔，所以需要12秒。

042 损失了多少

已知一个橘子的价格分别是1/2元和1/3元，那么平均两个橘子的价格就是5/6元，而平均一个橘子的价格则为25/60元。由于姐姐5个橘子卖2元，也就是一个橘子的价钱是2/5元，即24/60元，所以能够得出一个橘子损失了1/60元。

已知损失了7元钱，60×7=420，这是最开始橘子的数量，姐妹俩每人

210个橘子，姐姐应该获利105元，但是她却只能得到84元，损失21元，因为她得到的是以2元5个橘子的价格卖掉全部橘子的收入的一半，而妹妹本应该获利70元，却因此多得14元。

043 门禁谜题

把门禁移成715—46—32890，那么715乘以46刚好等于32890。

044 找零钱

把三个人的钱都放在收银台上，用美分来表示，分别是100美分、50美分、25美分、两个10美分、一个5美分、一个3美分、两个2美分和一个1美分，通过题干能够得出收银员应该获得109美分，付款的顾客应该获得71美分，排在后面的顾客应该获得28美分，所以收银员拿走1美元、5美分、两个2美分，付款的顾客拿走0.5美元、两个10美分和1美分，排在后面的顾客拿0.25美元和3美分。

045 分面包

三个小伙伴应该为这些面包花费同样的钱，丙支付了11元，那么11块面包的总价则是33元，每块面包3元钱，甲支付了12元，乙支付了21元，所以丙拿出的11元甲分得1元，乙分得10元，11块面包每人分得$3\frac{2}{3}$块。

046 工人的工钱

几个工人的工钱分别是粉刷工2000元、油漆工9000元、水暖工8000元、电工3000元、木工30000元、瓦工23000元。

047 五袋苹果

将题目中的10个重量相加，然后除以4，就得出五袋苹果的重量之和是289斤。将五袋苹果用数字1、2、3、4和5表示，重量最轻的是1，最重的是5，那么1和2的重量一定是110斤，1和3的重量是112斤，以此类推，最重的121斤一定是4和5，所以1、2、4、5的重量之和是231斤，而五袋的总重量是289斤，所以3的重量是58斤，从而得到五袋苹果的重量分别是54斤、56斤、58斤、59斤和62斤。

048 有15个孩子的家庭

吉米的年龄是24岁，汤姆的年龄是3岁。

049 神枪手打靶

神枪手打出6发子弹即可，分别射击4次17，2次16。

050 相亲会

每个女孩手里原来有48块巧克力，每个男孩手里有144朵玫瑰花，每种颜色各36朵，每个男孩给每个女孩12朵玫瑰花，每种颜色3朵，每个女孩回赠每个男孩4块巧克力，暖场之后，每个人手里都拥有36块巧克力和36朵玫瑰花，每种颜色9朵。

051 招待朋友

在11个朋友中，有5个喜欢吃水果比萨，4个喜欢吃鸡肉比萨，2个两种比萨都喜欢，那么水果比萨可以分给喜欢吃水果比萨的5个人中的4个，这就有了75种招待其中8个朋友的方式。可以让两种比萨都愿意吃的一个朋友吃水果比萨，有50种招待其中8个朋友的方式。也可以让两种比萨都愿意吃的另一个朋友吃水果比萨，由于其中40种招待方式与上一个重复，所以有10种招待其中8个朋友的方式。还可以让两种比萨都愿意吃的两个朋友吃水果比萨，这就有10种招待其中8个朋友的方式，将这些招待方式相加，得出一共有145种招待其中8个朋友的方式。

052 有多少只小猪

养殖户一共拥有300头小猪，猪饲料还能维持60天，也就是还有18000份猪饲料。如果他卖掉75头小猪，那么18000/225=80，猪饲料刚好比原来多用20天，如果他买入100头小猪，18000/400=45，猪饲料将会比原来提前15天吃完。

053 买雪糕

店员需要拿5个2元的雪糕、50个1元的雪糕和8个5元的雪糕。

054 两辆自行车

$600\times\frac{5}{4}=750$，$600\times\frac{5}{6}=500$，两者相加得出这个人买两辆自行车共花费1250元，他最终一共卖了1200元，所以亏损了50元。

055 三个人的游戏

游戏开始前，甲拥有260张游戏卡，乙拥有80张游戏卡，丙拥有140张游戏卡。

056 以物换物

已知1柄石斧+1枚宝石=85枚稀有贝壳，5柄石斧=12枚宝石，能够得出1柄石斧=60枚稀有贝壳，1枚宝石=25枚稀有贝壳。通过题目中两个人的对话我们知道他们已经选好了。

5柄石斧和7枚宝石，价值475枚稀有贝壳，如果按照他的同伴的提议，将宝石的数量加倍，通过推算我们得出他们一共拥有650枚稀有贝壳。

057 旷工谜题

甲工作了$16\frac{2}{3}$天，旷工$13\frac{1}{3}$天。

058 赛狗比赛

这条狗在前3/4千米花了$6\frac{3}{4}$分，那么它在前两个1/4的路程所花费的时间就等于$6\frac{3}{4}$减去第三个1/4千米所花费的时间，而第四个1/4千米所花费的时间和第三个1/4千米花费的时间一样，那么后一半的路程所花费的时间就是第三个1/4千米所花费时间的2倍，而前一半路程花费的时间和后一半路程花费的时间一样，所以第三个1/4路程花费了$2\frac{1}{4}$分，最终得出这条狗跑完1千米花费了9分钟。

059 买苹果

原来100元才能买100个苹果，现在采购者只需要96元就能买到，这也意味着原来120元买120个苹果，现在能够买125个苹果了。

060 丈夫的年收入

在解答这道谜题前，首先应该注意家庭主妇说的一些细节——“结婚两年”“年收入1/3用于还房贷”，也就是一年的收入的1/3还了两年的房贷，所以丈夫的年收入应该是18万元，两年即36万元，两年里有6万元用于还房贷，9万元用于家庭支出，2万元用于应酬花费，正好剩19万元存入银行。

061 奇妙的数字11

有一个神奇的现象，如果一个数字奇位数上的数字和偶位数上的数字相加之和一样，那么它就能够被11整除，而如果一个数字奇位数上的数字相加之和与偶位数上的数字相加之和相差11，或者是11的倍数，同样能够被11整除，所以能够被11整除的最小9位数应该是102347586，最大的9位数应该是987652413。

062 年龄之谜

赵虎的年龄是39岁，他的妻子34岁，大儿子14岁，小儿子13岁。陈伟的年龄42岁，妻子40岁，大女儿10岁，小女儿8岁。

063 精品西服店里的骗局

骗子骗走的西服成本是1100元，并且借走了1000元现金，因此精品西服店店主一共损失2100元。

064 头疼的便利店店主

假设顾客买了 x 瓶水，那么面包数量则为4x，火腿肠数量为8x，$x^2+(4x)^2+(8x)^2=324$，最终计算出 x=2，所以顾客买了2瓶水、8个面包和16根火腿肠。

065 度假的大学生

第七个人花了1690元，刚好比七个人的平均花费多了420元。

066 孩子们买糖果

一共有3个男孩和3个女孩，他们每人获得一个一块钱两个的棒棒糖和两个一块钱三个的棒棒糖。

067 除法谜题

用每个数字分别减其他的数字，得到的结果是358、716、358、1611、1253和895，其中358出现两次，358/2=179，通过计算能够得出，179×3+164=701，179×5+164=1059，179×7+164=1417，179×12+164=2312，所以这个数字是179。

068 赌徒的游戏

假设赌徒口袋里有1000元钱，第一次掷骰子他赢了，那么他口袋里的钱变成1500，第二次他输了，他口袋里的钱变成750。假设第一次掷骰子他输了，口袋里的钱变成500，第二次他赢了，口袋里的钱变成750。只要他的输赢次数一样，假设总是1输1赢，那么他口袋里的钱将会以每掷两次骰子的速度递减，变成3/4、9/16、27/64……所以他最终输了。

069 鸡蛋、鸭蛋和鹅蛋

假设这个人买的鹅蛋、鸭蛋和鸡蛋的个数分别是x、y和z，$x+y+z=100$，$5x+y+\frac{1}{2}z=100$，假设$x=y$，通过计算得出$x=y=10$，$z=80$。假设$x=z$，通过计算得出$x=0$，$y=100$。假设$y=z$，通过计算得出$x=100/17$，我们能够看到，只有$x=y$时才符合题意，所以这个人买了10个鹅蛋、10个鸭蛋、80个鸡蛋。

070 买肉

假设这个商人买了x斤羊肉和x斤牛肉，那么他所花的钱数就为42x，如果把这些钱等分成两份买羊肉和牛肉，则可以买$\frac{7}{8}x$斤羊肉和$\frac{7}{6}x$斤牛肉，而$2x=\frac{7}{8}x+\frac{7}{6}x-2$，最终计算出$x=48$，所以这名商人一共花费2016元进这批货。

071 股份分配

当丙拿出25万元获得1/3股份时，我们就能推算出之前的股价总数是75万元，由于甲投资的钱是乙的1.5倍，所以甲的股价应该是45万元，乙应该是30万元，丙的25万元分配以后使三个人的股份相等，所以丙的25万元甲应该分得20万元，乙分得5万元。

072 两头小羊崽

大的羊崽重16斤，小的羊崽重4斤。

073 丢失的巧克力

最开始妈妈藏了8块巧克力。

074 农户的牛

这个农户只养了一头牛，假设这头牛能分成1/3和2/3，那么2/3减去1/3刚好是1/3，而2/3的平方减去1/3的平方，同样是1/3。

075 觅食的蚂蚁

一共有15只蚂蚁。

076 争吵的商户

糖果店店主需要24分钟完成任务，布匹店店主只需47刀就可以完成任务，因此他需要花费15分40秒，而糖果店店主被耽误了30秒，布匹店店主被耽误了8分30秒，所以最终糖果店店主花费了24分30秒完成任务，布匹店店主花费24分10秒完成了任务，他以20秒的微弱优势取得了胜利。

077 工友的早餐

假设吃早餐的工友人数为x，则每人需要支付的餐费为$\frac{80}{x}$，因为有两人没有付款，所以剩下的每个人要支付的餐费为$\frac{80}{x-2}$，已知$\frac{80}{x}+2=\frac{80}{x-2}$，通过计算得出x=10，所以有10个工友来吃早餐。

078 第一次见面

两个人第一次见面时，张龙的年龄是12岁，王文是4岁，相差8岁，他们现在的年龄张龙是24岁，王文是16岁。

079 平方数谜题

解答这道谜题时，我们首先应该知道任意两个连续数的平方差等于其中较小数字的2倍加1，比如8和9，$9^2-8^2=8\times2+1=17$。另外，两个数字的平方差总等于这两个数字之和乘以这两个数字之差，比如7和14，$14^2-7^2=(14+7)\times(14-7)=147$。所以，需要看题目中每条直线连接的方块里数字的平方差是多少，$14^2-2^2=16^2-8^2=192$，现在数字192可以分成5组不同的偶数乘积：2×96，4×48，6×32，8×24，12×16。这些数字分别除以2，得到1×48，2×24，3×16，4×12，6×8，每组数字的和与差分别是47、49；22、26；13、19；8、16；2、14。这就是我们需要填的数字，其中有4个数字已经填写在里边，剩下的6个数字一共有6种填写方法。

080 往返谜题

假设这段路程为30千米，去时花费3小时，回来时花费2小时，往返60千米花费5小时，平均时速则为每小时12千米。

081 遗产分配

通过题目我们能够知道，富豪想分给儿子的遗产是妻子的2倍，分给女儿的遗产是妻子的1/2，所以遗产最佳的分配方式是儿子获得4/7，妻子获得2/7，女儿获得1/7。

082 慈善捐助

假设女孩的数量为x，男孩的数量为y，18x+30y=660，即3x+5y=110，由于x和y都不能等于1，所以有以下6种分配方式：x=5，y=19；x=10，y=16；x=15，y=13；x=20，y=10；x=25，y=7；x=30，y=4。由于每周分发时男孩和女孩的人数要不同，所以面包店可以分发6周。

083 神奇的乘法

除了题干中的两组数字，还有以下几组符合条件：9×351=3159，21×87=1827，27×81=2187，35×41=1435。

084 计算选票

22+30+73+5219=5344，用这个数字除以竞聘者人数，得出获胜者共获得1336张选票，那么其他竞聘者分别获得1314、1306和1263张选票。

085 移动面粉

面粉的斤数形成的数字分别是2和78，156，39和4，左右两边数字相乘都等于156，只移动了五袋面粉，也有其他的答案，但是需要移动更多次面粉袋。

086 出租耕地

假设这个人分割的耕地为x块，那么利润=1800x−24300，也就是6小块耕地原始价之和，而每小块耕地的原始价为$\frac{24300}{x}$，1800x−24300=6×$\frac{24300}{x}$，通过计算得出x=18，18块耕地按照每年每块1800元的价格出租，价值总和为32400，利润是8100元，每块耕地原来的价格是1350元，6块地的价格同样是8100元。

087 合伙的生意

假设乙拥有的钱数为x，甲拥有的钱数为y，那么往返的路费和货物的运费则为y/3或x/4，通过题目得知$\frac{3}{4}$x+y=$\frac{2}{3}$y+x=15000，通过计算可以得出x=10000，y=7500，所以甲有7500元，乙有10000元，往返的路费和货物的运费则为2500元。

088 农户儿子的游戏

计算这道谜题时，可以用玉米的总数乘以玉米总数减1，再乘以玉米总数的2倍减1，即50×49×99，结果是242550，然后再除以3，得到80850，这就是小儿子所走的路程，也就是808.50米。

089 降价的鞋子

结合题目通过计算能够得到店主每次减价后的价格都是原来的2/5，那么鞋子的成本价就是$320\times\frac{2}{5}=128$元。

090 数字排列

其他三种排列方式分别是219、438和657；273、546和819；327、654和981。

091 夫妻的年龄

同事的年龄倒过来是她丈夫的年龄，因此能够得知他们的年龄都是两位数，并且年龄之差是9的倍数且≤18。当年龄之差是9时，年龄之和则是99，那么同事的年龄则是45，她老公的年龄是54。当年龄之差是18时，年龄之和则是198，同事的年龄是90岁，她老公的年龄是108岁，显然不符合题意。

092 守财奴的谜题

由于守财奴能够把不同两数的银子分成4、5、6堆，所以不同两数的银子他至少拥有60个，所以他拥有180锭银子，合计2100两。

093 快递柜里的包裹

一共有12个大包裹和18个小包裹，每个小包裹的存放费是2元，每个大包裹的存放费是2.5元，所以这个人需要支付39元的存放费。

094 数字组合

还有下面六组排列方式：$18\times297=5346$；$27\times198=5346$；$28\times157=4396$；$39\times186=7254$；$42\times138=5796$；$48\times159=7632$。

095 面粉的价格

粮油店老板买面粉一共花了3360元，这样他就可以买到48袋普通面粉和48袋精品面粉，但是如果他把3360分为相等的两份，1680元只能买42袋精品面粉和56袋普通面粉，一共98袋，比最开始的方案少两袋。

096 五个孩子的年龄

通过题目能够得知，三个男孩的年龄之和是之前两个男孩年龄之和的3倍，所以汤姆和吉米的年龄之和为7岁，而珍妮和婕西的年龄之和为14岁，因为吉米和汤姆的年龄之和是珍妮的2倍，所以珍妮的年龄为3.5岁，婕西的年龄为10.5岁，汤姆的年龄为1.75岁，吉米的年龄为5.25岁。

097 懂礼仪的幼儿园

这所幼儿园一共有10个男孩，20个女孩。其中女孩对女孩要敬礼380次，男孩对男孩要敬礼90次，女孩和男孩之间要敬礼400次，男孩和女孩对园长敬礼30次，一共敬礼900次。

098 赛跑

甲只需要跑30步就能够追上乙。

099 错误的旅游路线

通过题干能够得出三段路程形成了一个三角形，从C点做AB直线的垂线，把这个三角形分成了两个直角三角形，且垂线的长为12千米，AC+BC=35且BC大于AC，每段路程的千米数都是整数，所以A到C的距离是15千米，C到B的距离是20千米，A到B的距离是25千米。

100 方块内的数字

如图所示，只需要把6倒过来，组成数字931就可以了。

9	3	1

101 掷骰子游戏

三个骰子一共有216种变换方式，点数相加之和是7或11的变换方式有42种，所以获胜的概率是42/216。

102 三个糖果箱

每个糖果箱里所包含的糖果数的最小值分别是386、8450和16514，糖果总数的最小值分别是482、3362和6242。每组答案中任意两个数字相加之和都是一个平方数，第一个答案中三组数的数字之和都是17，第二组数的数字之和都是14。

103 面包店店主和乞讨者

面包店店主每周要施舍120块面包，之前每周有20名乞讨者来领取施舍。

104 神奇的分数

根据题目的要求，1/3=5832/17496，1/4=4392/17568，1/5=2769/13845，1/6=2943/17658，1/7=2394/16758，1/8=3187/25496，1/9=6381/57429。

105 小姨的年龄

小姨的年龄是29岁零2个月，小姨夫的年龄是35岁，表妹小红的年龄是5岁零10个月。23年零4个月以后，小姨夫的年龄将是小红年龄的2倍。

106 错误的答案

符合题意的只有$2^5\times 9^2=2592$。

107 沙包打娃娃

游戏参与者只要准确地把25、6和19这三个娃娃打下来，就能够获得奖励。

108 打高尔夫

150码的球穴需要1次猛抽，225码的球穴需要3次轻击、1次往回猛抽，250码的球穴需要2次轻击，275码的球穴需要1次猛抽、1次轻击，300码的球穴需要2次猛抽，325码的球穴需要3次猛抽、1次往回轻击，350码的球穴需要4次轻击、1次往回猛抽，400码的球穴需要1次猛抽、2次轻击，425码的球穴需要2次猛抽、1次轻击，一共需要打出26杆才能打完全场。

109 车费问题

从B到C是整段路程的一半，整段路程往返花费了60元，而甲独自乘坐了一半的路程，所以需要支付30元，剩下的一半路程的车费由甲和乙平均承担，因此乙需要支付15元车费。

110 教育金谜题

每年的教育金为3500元，第一年大女儿的年龄是10岁，二儿子的年龄是8岁，小女儿的年龄是2岁，三个子女分别得到1750元、1400元和350元。第六年三个子女的年龄分别是15岁、13岁和7岁，他们分别分到了1500元、1300元和700元。

111 耕种谜题

如果甲用40分钟能够撒完1行种子，那他撒完6行则需要240分钟，同样覆盖土的时间也是240分钟，完成6行的耕种需要8小时。乙用120分钟能撒完6行种子，360分钟覆盖完土，完成6行耕种同样需要8小时，因为工作量和工作时间相同，所以甲和乙各分得2500元。

112 乘积相同的两组数字

如图所示，重新组合9个数字变成174×32=96×58=5568，这将是最大的乘积。

1	7	4	9	6
3	2	5	8	

113 两根蜡烛

一根蜡烛还剩总长的1/16，一根蜡烛还剩总长的4/16，那么停电的时间是3小时45分钟。

114 难分的遗产

由于妻子已经去世，只需要按照1/3比1/4的比例分配遗产即可，也就是4/12和3/12，即4比3，所以大儿子分得遗产的4/7，小儿子分得遗产的3/7。

115 生日礼物

当小明16.5岁的时候，妈妈的年龄是49.5，这时小明就能收到自行车了。

116 会议上的分歧

共有18名董事参加了会议，愤而离席的是11名董事。

117 菜市场买菜

假设妻子买韭菜所花的钱为x，买空心菜所花的钱为y，那么丈夫买豆角所花的钱为y，买土豆所花的钱为x-1，已知x+y=15，将15分成两份，并且其中的一份是另一份的1.5倍时，则其中一份为6，另一份为9，从而能够列出9+x-1=6+15-x，通过计算得出x=6.5，则y=8.5，进而得出丈夫买豆角花费8.5元，买土豆花费5.5元，这对老夫妇一共消费29元。

118 养殖户的谜题

通过题目我们得知，五个人拥有相同数量的动物，八个收购商收购了相同数量的动物，所以这个数一定能够被40整除，满足题目条件的40的倍数为120，所以牛有3头，马有8匹，猪有109头，也可以是牛有1头，马有23匹，猪有96头。

119 两个跑步爱好者

假设乙跑一千米需要的时间为1/x，则甲跑一千米的时间为1/2.5x，可以得出1/x-1/2.5x=6，从而得出x=0.1，因此甲跑一千米需要4分钟，乙跑一千米需要10分钟。

120 乘积之和谜题

乘积之和最小的两组数字是23×174和58×69，乘积是4002，乘积数字相加之和为6。乘积之和最大的两组数字是9×654和18×327，乘积是5886，乘积数字相加之和为27。

121 替换广告牌

假设东城和西城分别有10个广告牌，甲先在西城帮乙替换了3个，乙替换了剩下的7个，然后来到东城帮甲替换了6个，那么甲在东城则替换了4个，所以不论怎么计算，乙都比甲多替换了6个广告牌内容。

122 分土地

财主一共有7个儿子，56亩土地，大儿子分得2亩，他的妻子分到了6亩，二儿子分到了3亩，他的妻子分到了5亩，三儿子分到了4亩，他的妻子分到了4亩，以此类推，七儿子最终分到了8亩土地，这时土地已经分完。一个银元宝能买2亩土地，每家分到一个，最终每家都获得了价值相等的10亩土地。

123 时间谜题

假设现在到6点有 x 分钟，那么50分钟前到3点的时间为130–x 分钟，x=4（130–x），得出 x=104。

124 送报谜题

2号家庭要比1号家庭多送出去220张报纸，原来的报纸数量为1020张。

125 慈善家

村庄里有5个男人，分得15袋大米；25个女人，分得50袋大米；70个小孩，分得35袋大米。

126 平方数

最小的平方数是139854276，它是11826的平方。最大的平方数是923187456，它是30384的平方。

127 牛羊马

在计算时，必须算上牧场每天生长的草。已知马和羊在一起吃的草刚好与牛吃的一样多，那么牛和马能够吃掉原有的草和45天生长的草，两匹马和一只羊也可以做到，由于马和羊吃完草需要90天，也就是以2倍时间吃完，一匹马吃完原有的草花费90天，一只羊吃的速度正好是草生长的速度，所以如果原有的草牛吃1/60，马吃1/90，它们一起每天吃1/36，用36天就能吃完所有的草，而羊则在专门吃生长的草。

128 情侣表

女朋友的手表要比甲每小时快3分钟，当手表快1小时（60分钟）的时候，手表已经走了20小时。

129 网络写手的年龄

通过题目能够得知网络写手年龄最大的上限是21岁，因为22的立方是五位数，年龄的下限是18，因为17的四次方是五位数，所以网络写手的年龄只能在18~21中选择。18的四次方是104976，19的四次方是130321，20的四次方是160000，21的四次方是194481，只有18符合题意，18的立方是5832，和18的四次方104976放在一起，刚好包含0到9这10个数字，且每个数字只出现一次，所以网络写手今年18岁。

130 土地面积

假设这个人租了x亩地，所支付的茶叶为y斤，那么根据题意可以得出两个公式，分别是$\frac{100y+8000}{x}=800$，$\frac{75y+8000}{x}=700$，最终得出x=20，y=80，所以这个人租了20亩地。

131 捉野鸡

你可能会觉得捉到的野鸡总数应该是33～43之间的数字，因为甲捉到的野鸡数可能是0～11中的任意一个数字，其他人捉到的野鸡数就可以由此推算出来，但这并不正确，因为题目中还有一个条件，就是最后每个人分到的野鸡一样多，所以总数必然是35或者40，而40足以满足条件，从而得出甲捉到8只野鸡，乙捉到6只野鸡，丙捉到14只野鸡，丁捉到4只野鸡，戊捉到8只野鸡，当乙、丙和丁把捉到的野鸡合在一起后平分，每个人分到8只，不管之后五个人如何组合分野鸡，每个人分到的野鸡总是8只。

第2章　出人意料的距离与点线迷宫

132 圆桌谜题

我们用字母ABCDEFG来代替这七名员工，15天的座位安排如下：第一天（ABCDEFG），第二天（ACDBGEF），第三天（ADBCFGE），第四天（AGBFECD），第五天（AFCEGDB），第六天（AEDGFBC），第七天（ACEBGFD），第八天（ADGCFEB），第九天（ABFDEGC），第十天（AEFDCGB），第十一天（AGEBDFC），第十二天（AFGCBED），第十三天（AEBFCDG），第十四天（AGCEDBF），第十五天（AFDGBCE）。每行第一个字母A和最后一个字母连成圆圈即可，也就是说A的另一边坐的是每行的最后一个字母。

133 玩具赛车谜题

玩具赛车按照下面的顺序移动：6-G（把6号车挪动到方块G里，以下代表的意思相同）、2-B、1-E、3-H、4-I、3-L、6-K、4-G、1-I、2-J、5-H、4-A、7-F、8-E、4-D、8-C、7-A、8-G、5-C、2-B、1-E、8-I、1-G、2-J、7-H、1-A、7-G、2-B、6-E、3-H、8-L、3-I、7-K、3-G、6-I、2-J、5-H、3-C、5-G、2-B、6-E、5-I、6-J，需要移动43次才能最终完成谜题。

134 业务员的客户

如图所示，业务员这么走即可沿着15条直线拜访完所有客户。

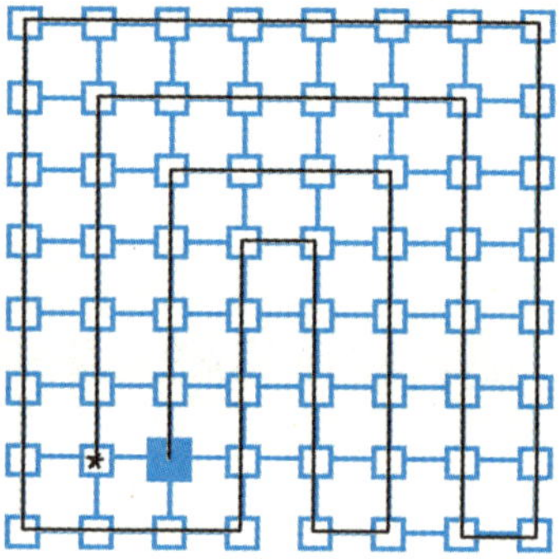

135 叔侄玩游戏

先从左上角的L开始向右边的E拼，必然拼到V，因为有4个E通向L，那么就有4种LEVEL的拼法，从下方的E开始拼，也有4种拼法，现在共有8种拼法。如果第3条线路上的E朝对角线拼，这样就能得到3个V，每一个V都能产生4种拼法，也就会产生12种拼法，所以一个左上角就能够得到20种拼法，而每个角都相同，最终一共能拼出80个单词LEVEL。

136 英国国旗

如图所示，外圈一共有16个点，可以连成3条线路，这些点被称为“单数节点”。画一个有16个单数节点的图形，只需要8笔，其中1笔要画得尽量很长，剩下7笔需要画得尽量短，从A开始画到B，或者反过来也可以。

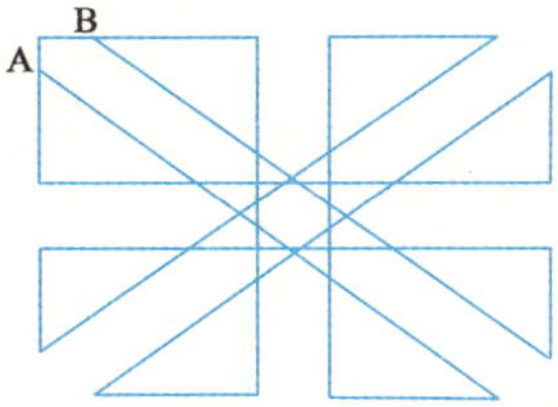

137 花苗谜题

如图所示，有两种移植方法能满足题目的要求。

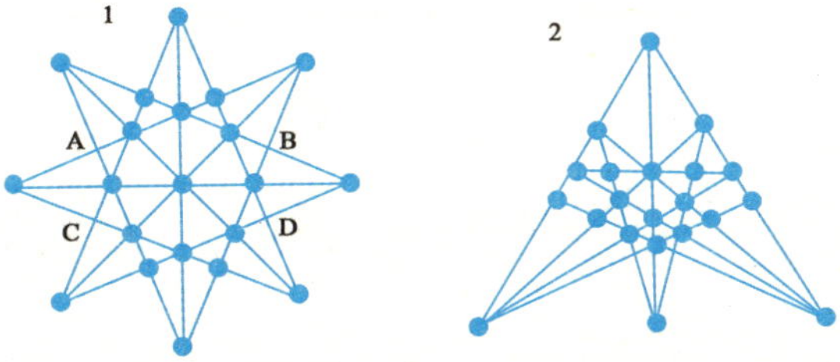

138 数位移动

保持不动的数字卡片是5，其他数字卡片按照以下顺序移动：7、6、3、7、6、1、2、4，1、3、8、1、3、2、4、3、2，只需要移动17次就能够把这些数字沿外圈排好。

139 农闲时的游戏

农户最终按照下图这样摆放石子，形成了16个偶数行。

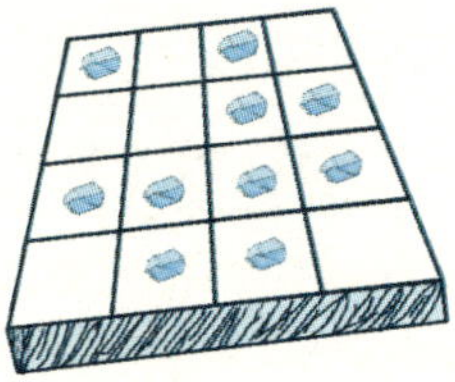

140 单数和双数

除了7和8，可以首先移动任意相邻的一对数字，如下面的图表所示：

.	.	1	2	3	4	5	6	7	8
4	3	1	2	.	.	5	6	7	8
4	3	1	2	7	6	5	.	.	8
4	3	1	2	7	.	.	5	6	8
4	.	.	2	7	1	3	5	6	8
4	8	6	2	7	1	3	5	.	.

当然，除了这种移动方法，这道谜题还有一些其他的移动方法，但是基本大同小异，就不一一列举了。

141 铺设燃气管道

假设房子A的主人允许燃气公司通过他家铺设房屋C的管道，那么如图所示，管道之间不会有任何的交叉（虚线部分是燃气公司通过房屋A铺设到房屋C的管道）。

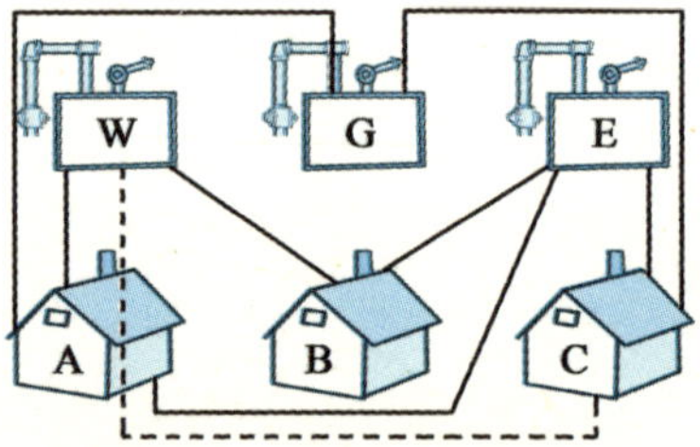

142 移动茶包

2移动到1，5移动到2，3移动到5，6移动到3，7移动到6，1移动到4，3移动到1，6移动到3，7移动到6，刚好移动10次。

143 国王的谜题

第一道谜题如图1所示，聪明的大臣能够画出10条直线，使每条直线上都有3枚宝石。图2则解答了第二道谜题，展示了如何连续画出4笔，通过9枚宝石的中心。

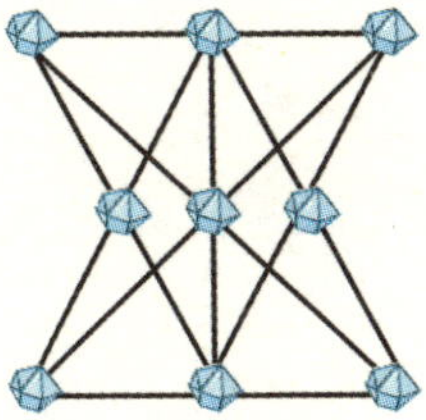

图1

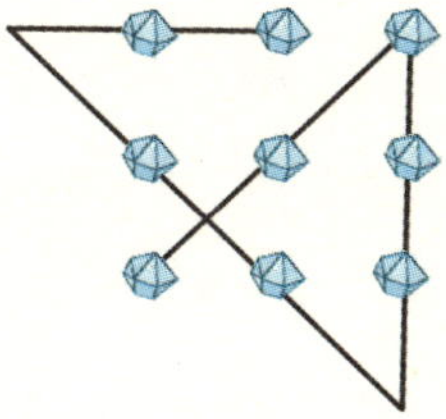

图2

144 数字卡片

按照如下顺序移动：12~3，7~4，10~6，8~1，9~5，11~2，只需6步就完成了这道谜题，当然这只是其中的一种移动方法，还有很多种，自己去找寻一下吧。

145 八个字母块

按照如下顺序移动字母块：A、B、F、E、C、A、B、F、E、C、A、B、D、H、G、A、B、D、H、G、D、E、F。这样只需要移动23次就能够完成这道谜题，这也是最少的步骤了。

146 调换杯子

把杯子从左到右标上1~8的序号，首先把2和3移到8的后面，用5和6填上空位，接着用8和2填上空位，最后用1和5填上空位即可。

147 三组字母贴纸

根据圆圈外围的数字来移动字母贴纸，9~10，6~9，5~6，2~5，1~2，

7~1，8~7，9~8，10~9，只需要9步就可以保证每一个圆圈上各有一个A、B、C字母贴纸，每一条直线上也都有一组A、B、C字母贴纸。

148 碟子里的苹果

按照顺序给碟子标上1～12的序号，然后拿起1号碟子里的苹果放在4号碟子里（1~4），接下来按照下面的顺序进行移动：9~12，3~6，7~10，11~2，最后回到1完成一圈，这样围绕圆桌转3次即可。

149 石子游戏

如图所示，虚线连接处空了四个空位，只要把外围的四枚石子挪到空位处即可。

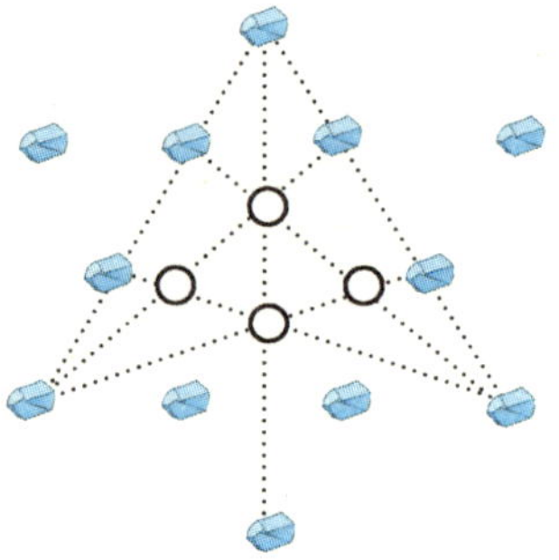

150 忙碌的快递员

这名快递员可以按照如下顺序送快递：1-9-5-14-8-4-15-6-10-2-13-7-3-11-16-12-1，或者把这条线路倒过来走一遍也能完成任务。

151 单词拼写

如果要符合题意，一个单词里必须有重复的字母，因此符合这道题的单词应该是“swansea”，下面按照以下的顺序把单词放在合适的位置：2~5，7~2，4~7，1~4，6~1，3~6，8~3，刚好所有字母都可以放置完。

152 地牢里的囚犯

看守指挥囚犯们按照以下的顺序移动即可：1，2，3，1，2，6，5，2，1，2，6，5，3，1，2，4，8，7，1，2，4，8，7，4，5，6。

153 画图谜题

如图所示，首先拿出一张白纸对折一下，然后画出图中CD、EF两条线，只需要一笔就能画出它们，然后再一笔画出AB这条线，最后一笔画GH这条线。

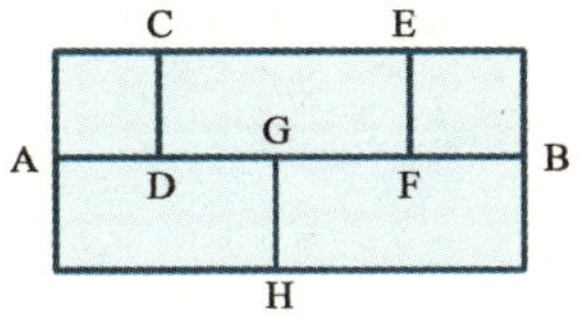

154 将军的箭楼

如图所示，这是同时保证2座（可行的最大数字）箭楼不能从外面进入，而必须穿过城墙才能进入的建筑方案。

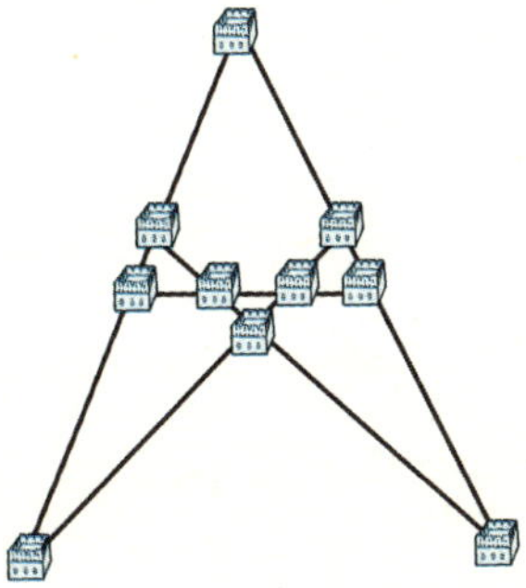

155 弹珠跳跳跳

按照下面的顺序跳跃（括号中的都算是同一步）：19-17，16-18，（29-17，17-19），30-18，27-25，（22-24，24-26），31-23，（4-16，16-28），7-9，10-8，12-10，3-11，18-6，（1-3，3-11），（13-27，27-25），（21-7，7-9），

(33-31，31-23)，(10-8，8-22，22-24，24-26，26-12，12-10)，5-17。只需要跳跃19步，就能够拿走全部弹珠，只留下一个弹珠放置在中间位置。

156 父子移硬币

如图所示，从顶端任意拿走3枚硬币，然后从底端拿走1枚硬币，即可形成5行，每行有4枚硬币。从顶端拿走3枚硬币有10种方法，从底端拿走1枚硬币有5种方法，因此有50种方法。相反，从底端拿走3枚硬币和从顶端拿走1枚硬币也有50种方法，而4枚被移动的硬币重新排列有24种方法，24×100=2400，所以一共有2400种方法来完成这道谜题。

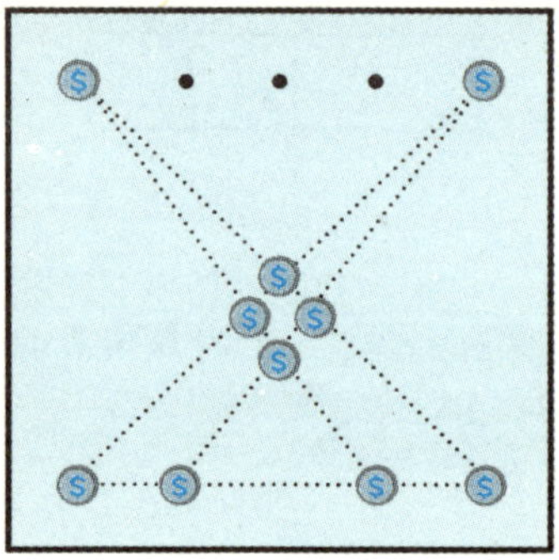

157 巡警的巡查线路

如图所示，如果巡警按照这样的线路走，能够经过每一座房屋。

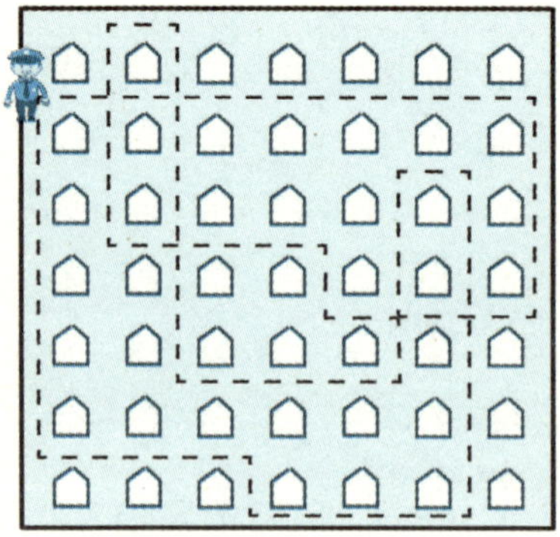

158 过桥谜题

如图所示，为了方便解答，我们把图中的图案简化一下，用M代表人，I代表小岛，Y代表村庄。通过桥从M到I只有两条直接路线，我们标记为a和b；通过桥从I到Y也只有两条直接路线，我们标记为c和d；通过桥从M到Y只有一条直接路线，我们标记为e。下面我们就来看一下如果从M到Y，通过a、b、c、d、e这5座桥一次且仅一次的路线该如何走，下面将路线列出来：a-b-e-c-d，a-b-e-d-c，a-c-d-b-e，a-c-e-b-d，a-d-e-b-c，a-d-c-b-e，b-a-e-c-d，b-a-e-d-c，b-c-d-a-e，b-c-e-a-d，b-d-c-a-e，b-d-e-a-c，e-c-a-b-d，e-c-b-a-d，e-d-a-b-c，e-d-b-a-c，最终我们得到了16条线路。

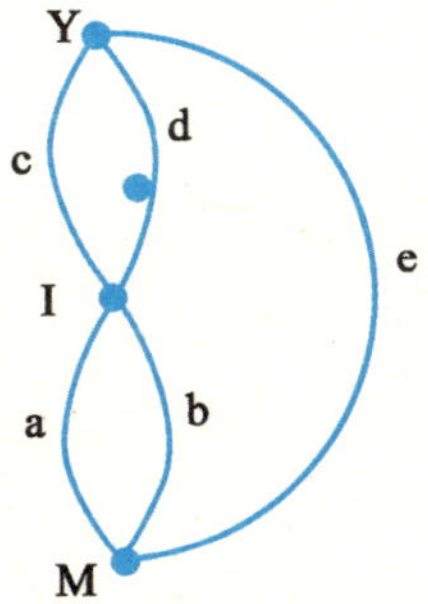

159 九枚硬币

按照如下顺序进行跳动：5跳过8、9、3和1，7跳过4，6跳过2和7，最后5跳过6，这样就拿走了8枚硬币，只剩下5在中央的格子里。

160 火烧战船

如图所示，如果敌方的战船这样排列，那么按照图中的箭头方向和数字顺序射出“火箭”，将会有10艘战船被烧毁，这恐怕是能烧毁战船的最大数了。

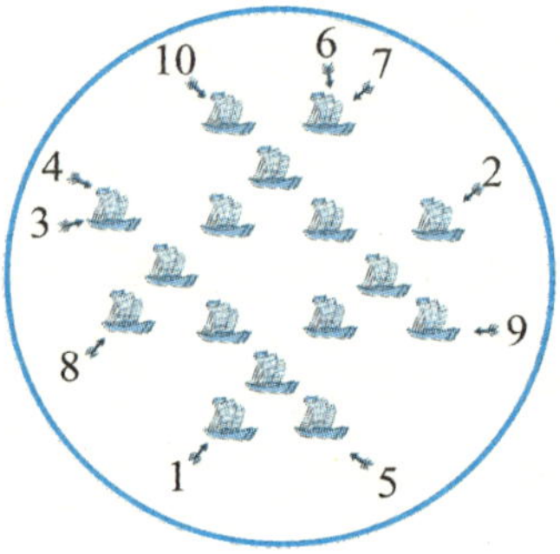

161 古镇旅游

首先从入口出发，按15-22-18-14-3-8-4-10-19-16-11-5-9-2-7-13-17-21-20-6-12的线路游览，最后到达出口，你就能够不重复任何线路游览完全部景点。

162 寄存的快递

从题目中的图能够看到，13号快递和19号快递是放在正确的位置上的，下面按照以下的顺序一对一对地整理：(3-1，2-3)，(15-4，16-15)，(17-7，20-17)，(24-10，11-24，12-11)，(8-5，6-8，21-6，23-21，22-23，14-22，9-14，18-9)。最终只需要17步就能让所有快递各归其位。

163 果园里的树

我们用C代表杏树，用B代表桃树，用A代表梨树，如图所示，杏树用虚线连接，桃树用直线连接，图中的10棵杏树和10棵桃树分别形成了5行，每行有4棵果树，并且都不位于果园的北边和东边。

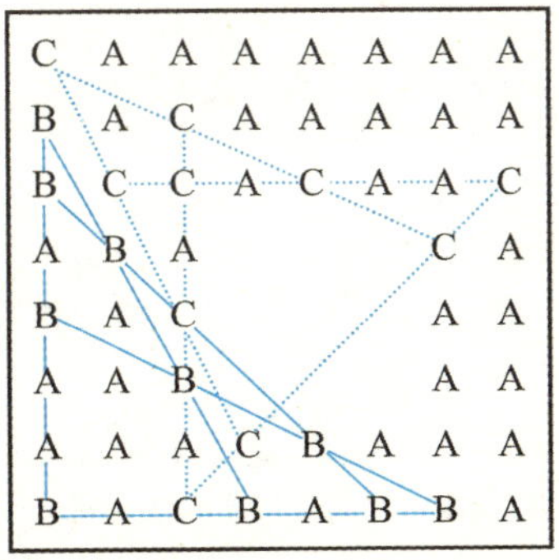

164 圆与直线

如图所示，小刚把左边的圆移到了足够远的右边，然后按要求画了出来。

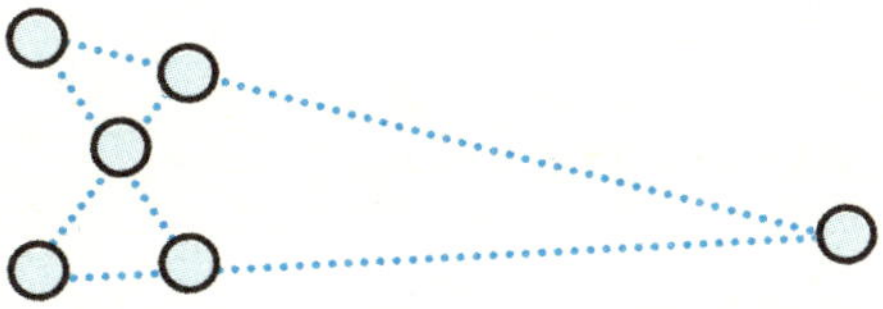

165 十只被困的小猫

如图所示，箭头标示了4只小猫的移动方式，得到了4行直线、4行横线、一条对角线方向的5行、另一条对角线方向的3行，最终16行的双数行列。

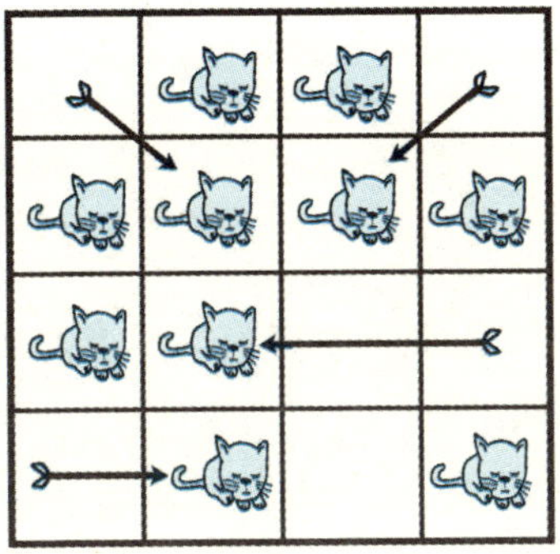

166 旅游景点

这个人应该先从景点B出发，然后按照下面的顺序游览完全部景点：B-A-D-G-D-E-F-I-F-C-B-E-H-K-L-I-H-G-J-K，虽然他重复了两条线路（D-G和F-I），但这应该是最短的游览线路了，一共走了19千米。

167 十块蛋糕

把题目中图里的小碟子按照从上到下的顺序排好，第一行A、B、C、D；第二行E、F、G、H；第三行I、J、K、L；第四行M、N、O、P。其中A、B、C、D、E、H、I、L、M和P中放有蛋糕，然后把H碟里的蛋糕放在J碟上，接着按照以下的顺序隔着碟子跳：I-K，A-I，M-E，P-H，D-L，L-J，C-A，A-I，I-K，最终拿走9块蛋糕。

168 吵架的三兄弟

三兄弟修的路如下图所示：

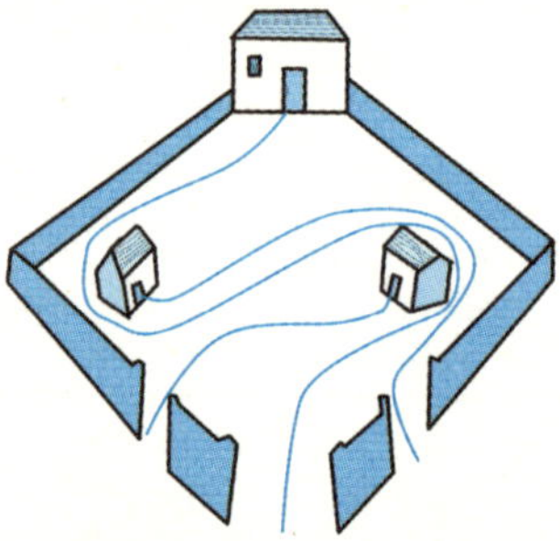

169 骑行爱好者

如图所示，这是这个骑行爱好者在15个拐弯内骑行的线路，还剩19个村庄没有骑到，一共骑行了70千米。

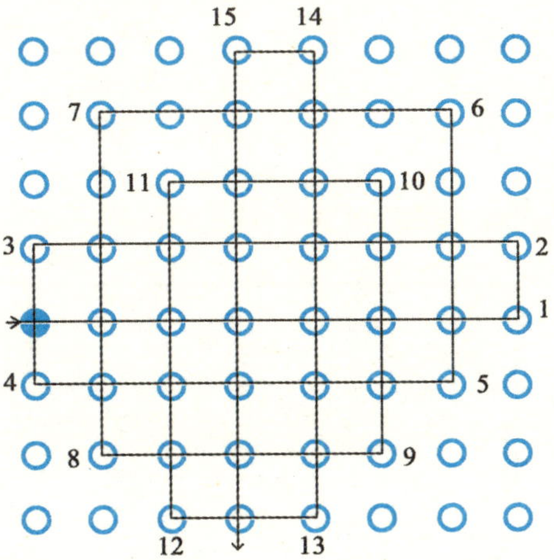

170 字母谜题

按照如下顺序移动字母卡片：K、C、E、K、W、T、C、E、H、M、K、W、T、A、N、C、E、H、M、I、K、C、E、H、M、T，这样移动26次，就能够得到单词Twickenham。

171 商人的谜题

商人从A出发，走完所有城市再回到A，一共有以下4条线路：

线路1：A-I-P-T-L-O-E-H-R-Q-D-C-F-U-G-N-S-K-M-B-A

线路2：A-I-P-T-S-N-G-L-O-E-U-F-C-D-K-M-B-Q-R-H-A

线路3：A-B-M-K-S-N-G-L-T-P-I-O-E-U-F-C-D-Q-R-H-A

线路4：A-I-P-T-L-O-E-U-G-N-S-K-M-B-Q-D-C-F-R-H-A

从这4条线路能够看出，线路1中C城市是商人第12个到达的城市，线路2中C城市是第13个到达的城市，线路3中C城市是第16个到达的城市，线路4中C城市是第17个到达的城市，所以商人要想尽可能最后去C城市，线路4是唯一符合条件的线路。

172 方块和硬币

如图所示，第3横行的硬币挪到第7横行第2个方块，第4横行第8个方块的硬币挪到第3横行第8个方块，第7横行的硬币挪到第4横行第4个方块，就能保证没有任何两枚硬币是在一条直线上。

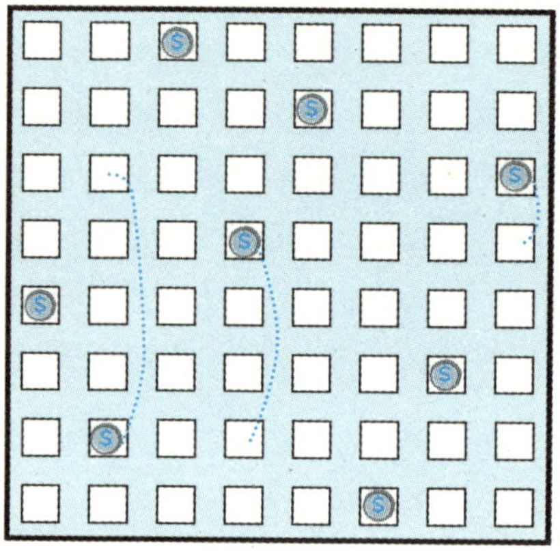

173 茶砖堆放

按照以下顺序进行移动：7-2，8-7，9-8，10-15，6-10，5-6，14-16，13-14，12-13，3-1，4-3，11-4，需要注意的是，数字代表的是茶砖而不是位置，通过这样移动就能够让4堆茶砖最后堆放在两端。如果最后想让13、14、15的位置连在一起，那么可以按照下面的顺序移动：9-4，10-9，11-10，6-14，5-6，12-15，8-12，7-8，16-5，3-13，2-3，1-2。如果4堆茶砖最后想要堆放在3、5、12和14的位置上，可以按照以下顺序移动：8-3，9-14，16-12，1-5，10-9，7-10，11-8，2-1，4-16，13-2，6-11，15-4。

174 上班线路

答案如图所示，为了方便大家看清答案，没有画出不必要的线路，只画出了八个人的行车路线。

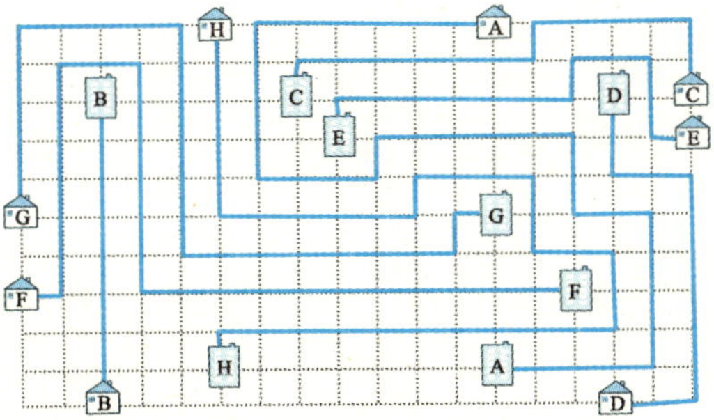

175 树木移动

如图所示，这个人保留了图中被虚线连接的树，其他位置的树全部被砍掉。

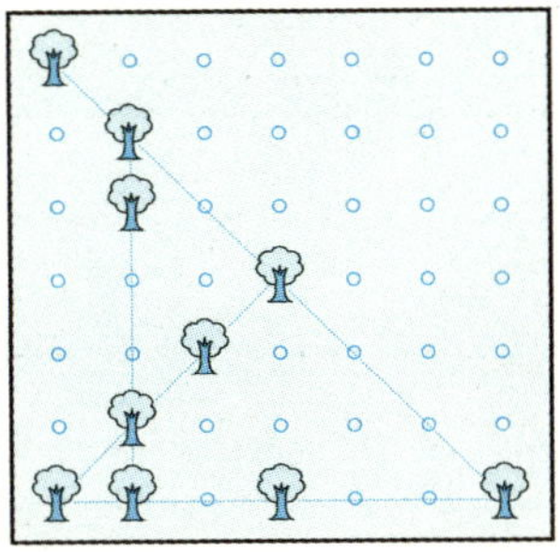

176 爸爸的连接谜题

如图所示，这就是爸爸教给红红的用15条直线连接16枚硬币的方法。

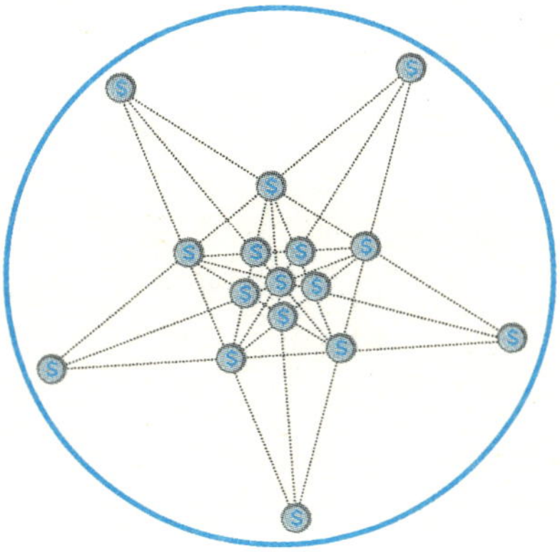

177 爱情谜题

从题目中的图片能够看到，从任何一个N开始，一共有17种方法拼出NAH，图中一共有4个N，所以NAH的拼写方法一共有68种。由于要求拼写不能间断，这也就意味着17种拼写HAN的方法中会有一个特别的N，因此一共有51种方法，HAN里可以用到的N有4个，于是正确的答案应该是867×4=3468种方法。

178 难挪的家具

只需要挪动17次就能把电脑桌和书柜调换过来，顺序如下：电脑桌、书柜、衣柜、电脑桌、橱柜、五斗柜、电脑桌、衣柜、书柜、橱柜、衣柜、电脑桌、五斗柜、衣柜、橱柜、书柜、电脑桌。挪完以后，估计李刚要累得休息几天了。

179 硬币谜题

为了方便解答这道谜题，用黑色圆点代表一角硬币，白色圆点代表一元硬币。如图所示，第一行代表硬币在题目中的排列顺序，下面的每一行代表移动一次。首先移动2和3，第三行移动了7和8，第四行移动了4和5，第五行移动了10和11，最后移动了1和2，最终一元硬币在一起，一角硬币在一起，还在某一端空出了两个空位。

1	2	3	4	5	6	7	8	9	10	11	12
●	○	●	○	●	○	●	○	●	○		
●			○	●	○	●	○	●	○	○	●
●	●	○	○	●	○			●	○	○	●
●	●	○			○	○	●	●	○	○	●
●	●	○	○	○	○	○	●	●			●
		○	○	○	○	○	●	●	●	●	●

180 鸡蛋摆放

除了妈妈放的两个鸡蛋，鸡蛋格里按照要求最多还能放10个鸡蛋，如图所示。

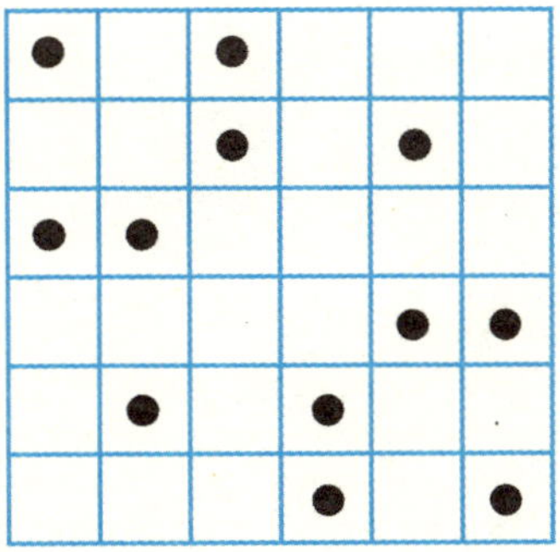

181 三子连一线

如果两个人都非常精通这个游戏，那么最终的结果永远是平局。如果黑色棋子先走，并且占据中心方格，那么白色棋子就必须占据某个角落的方格，否则必输无疑。如果黑色棋子先走，并且占据了某个角落的方格，那么白色棋子必须占据中心方格，否则也必输无疑。如果黑色棋子先占据了边上的方格，白色棋子就必须小心，一旦出现失误，就会输掉，但是如果不出现失误，就永远是平局。

182 为富不仁的富豪

如图所示，只需要像图中那样建筑即可，这就能大大减少围墙的长度。

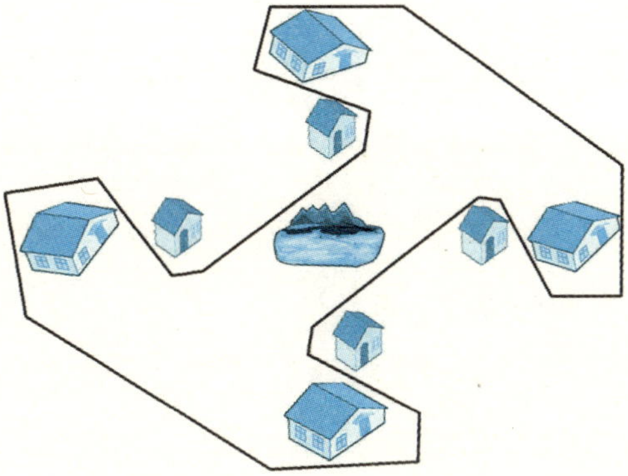

183 五角星谜题

如图1所示，先将圆形纸片沿着虚线折叠，然后将上半部分沿着直线分成相等的五部分，接着沿着直线折叠成图2的形状，沿着AB进行裁剪，就能够得到图3的五角星，沿着AC进行裁剪，就能够得到图4的五角星。

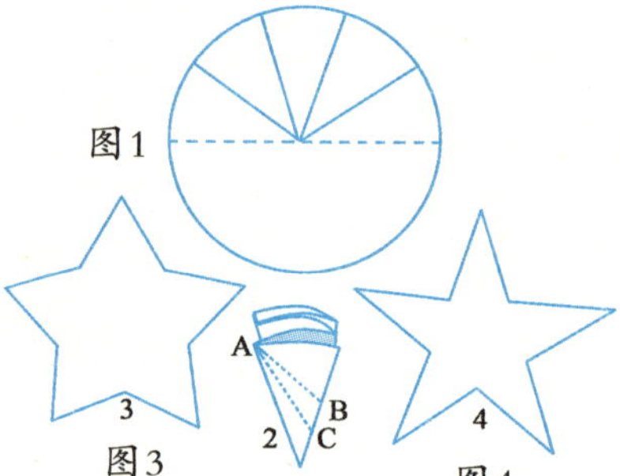

图3 图2 图4

184 农户的玉米秆

这个农户去年的正方形耕地每边长出了105棵玉米秆，一共长出了11025棵玉米秆。今年的正方形耕地每边长出了106棵玉米秆，一共长出了11236棵玉米秆。

185 狗和猫

如图所示，沿着蓝线开始裁剪，就能够剪成4块大小和形状都一样的布料，并且确保每块布料上都有一只猫和一条狗（其中有两块为了方便观察，被打上了阴影）。

186 拼图作业

按照图1所示的样子对题目中的图形进行裁剪，然后按照图2的样子拼接，即可完成作业。

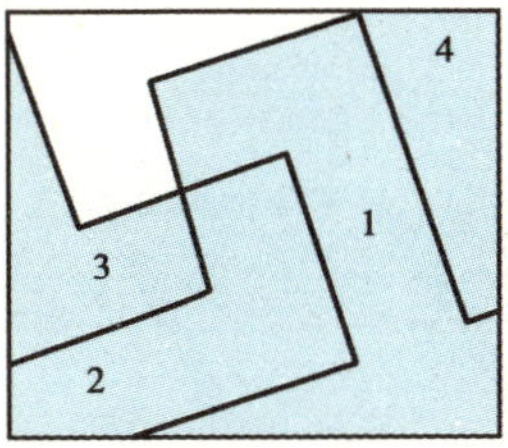

图2

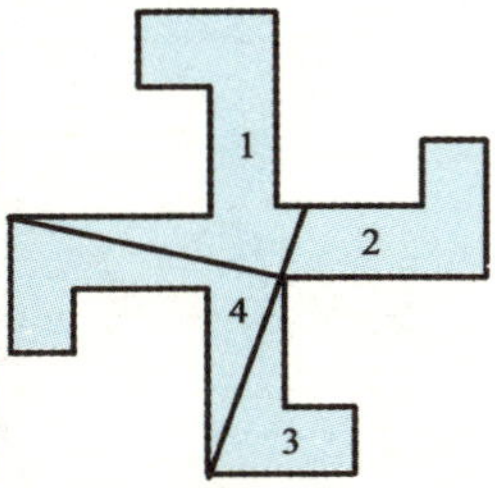

图1

187 对称的花朵

按照图示把布料裁剪成两块，然后右边那块向下移动一个“齿”即可。

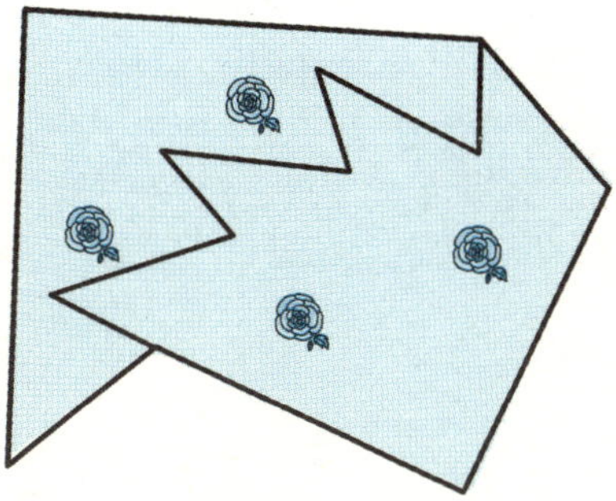

188 红十字会的救助

按照图1裁剪红十字会标，然后按照图2的办法拼接出第二个红十字会标。

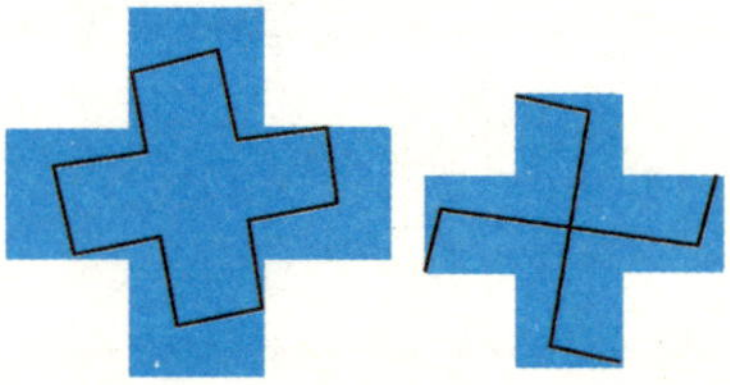

图1　　图2

189 木棍组合

如图1和图2所示组合这18根小木棍，其中图1中包含了5个等边三角形，图2中包含了15个相同大小的等边三角形，符合一个五边形的面积是另一个五边形3倍的要求。

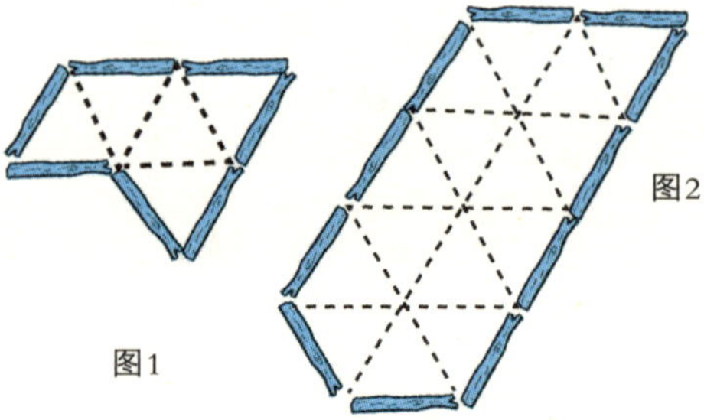

图1　　图2

190 分家

因为题目中没有要求每个子女分得的土地是一块完整的土地，所以土地可以按照下图这样进行分割，这样A、B、C、D都可以从外面到达他们的土地，并且每个子女都有平等的机会到达中心的那口井。

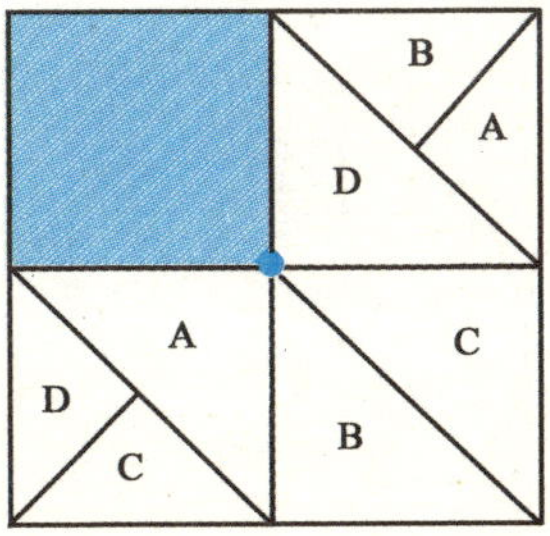

191 十只狗

如图所示，按照图中的样子建筑三个圆形建筑，就能够保证每只狗都有自己的独立领地。

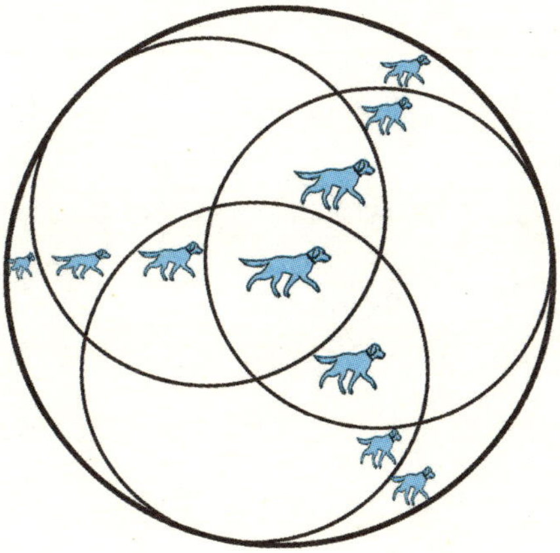

192 切割月牙

如图所示，5条直线最多能把月牙分成21块。

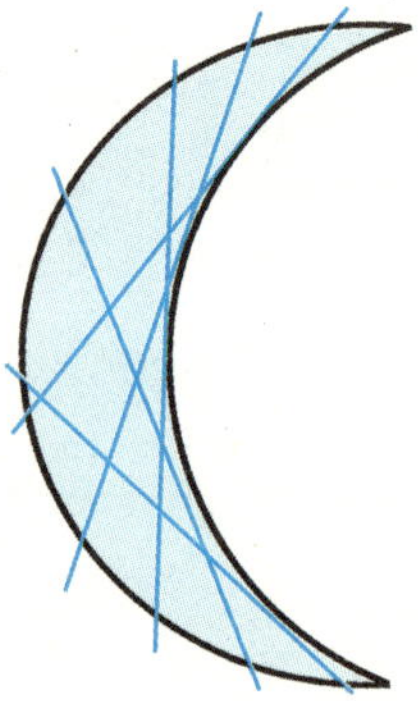

193 新足球

把一个足球放在水平面上，在它的周围最多能放6个同样大小的足球，并且使每个足球都与之相接触。

194 昂贵的布料

题目中已经给出布料的总面积是972，把受损的部分拼接在一起，就形成了一个12×6的长方形，面积为72，所以布料总面积减去受损的面积，就得到新布料的面积是900，也就是30的平方，所以新布料应该是30×30的正方形，也就能够得出两个长为30的水平边都可以保留的结论。按照下图的方式进行裁剪，剪完之后将B部分的缺口下移一个，A、B两个部分就会组成一个正方形。

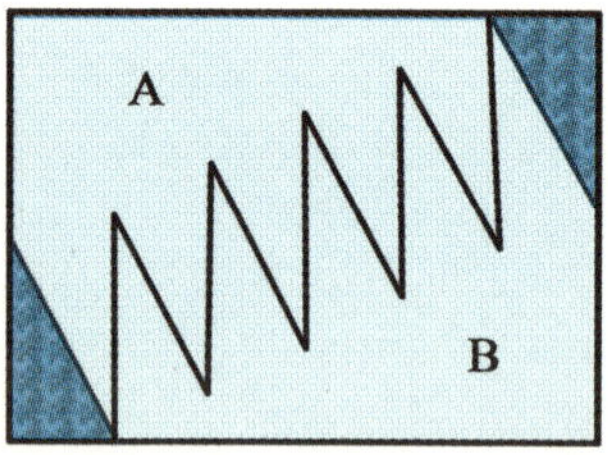

195 切大饼

如图所示，按照要求切6条直线，最多能把大饼切成22块。

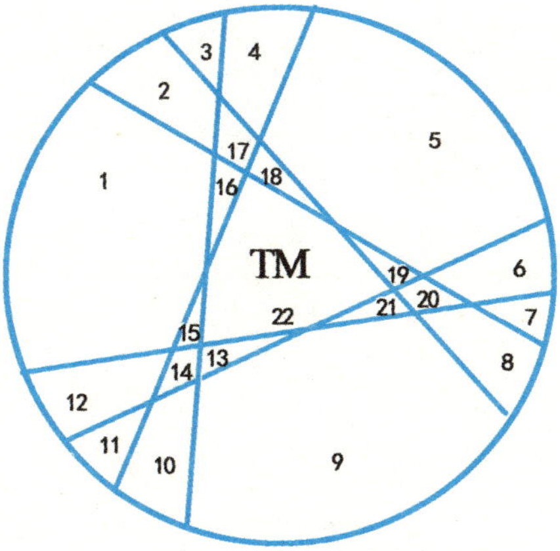

196 土地分割谜题

按照下图对土地进行分割即可。

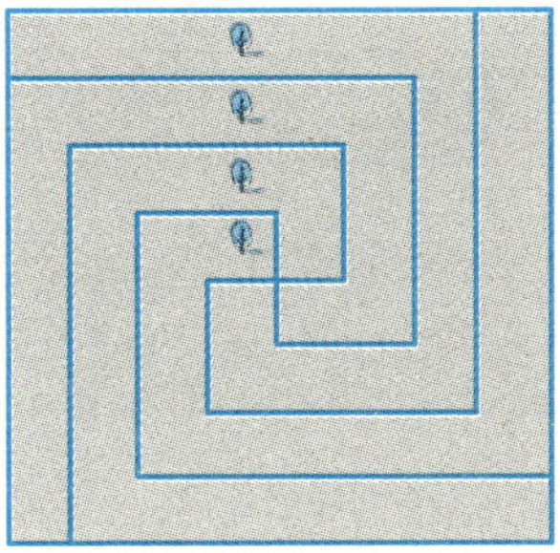

197 幼儿园老师的谜题

如图所示，把题目中的图形分成12个相同的三角形，然后沿着图中的黑线进行分割即可。

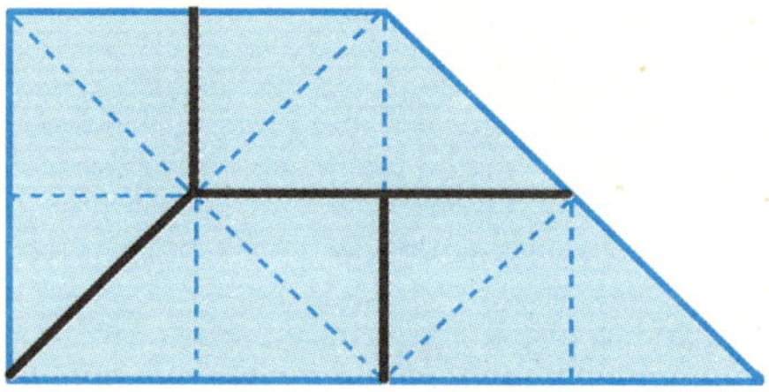

198 封闭的空间

像下图那样摆放小木棍，就能够得到6个相同大小的封闭空间。

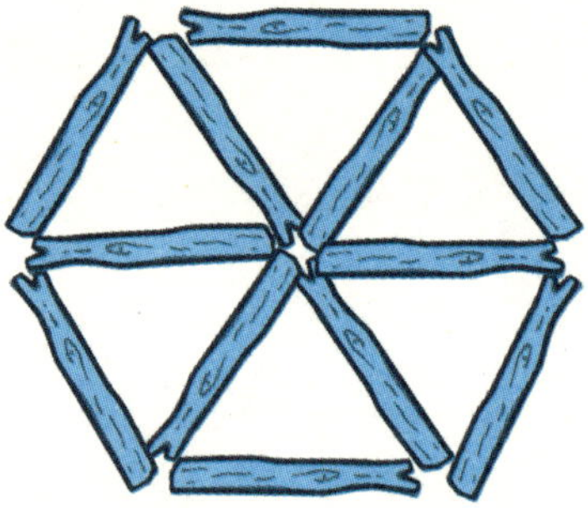

199 正方形拼图

如图1所示，只要把这块不规则的木板锯成3块，就能拼成图2那样的正方形。

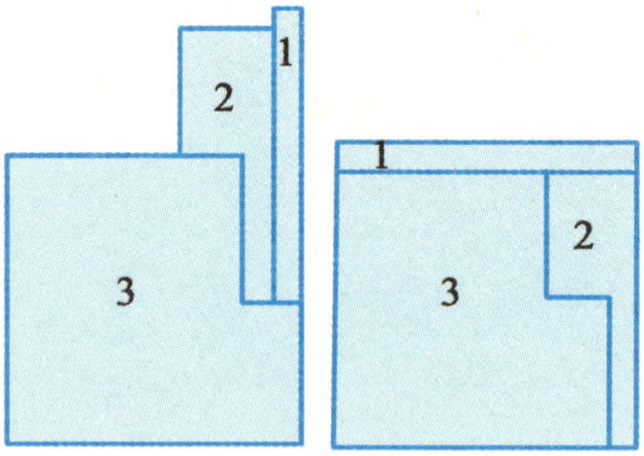

图1　　图2

200 画星星

如图所示，强强成功地在15颗星星中间画了一个大五角星。

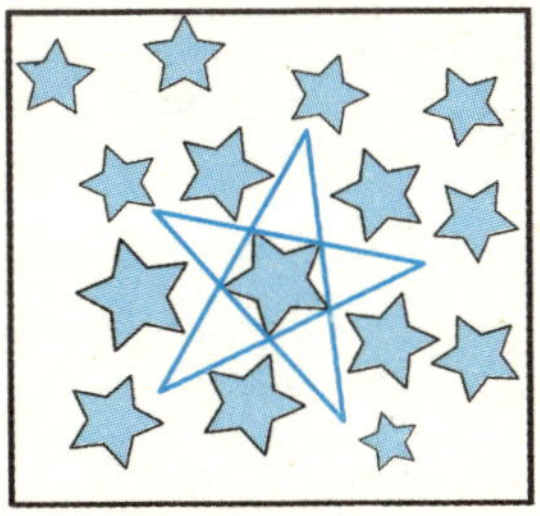

201 妹妹的方巾

如图所示，图1展现了如何裁剪较小的方巾，图2展现了如何裁剪较大的方巾，然后把四部分像图3那样拼接起来，就形成一个10×10的正方形，其中D中有52个小方格，这是大方巾能够保留最多部分的唯一裁剪方式。

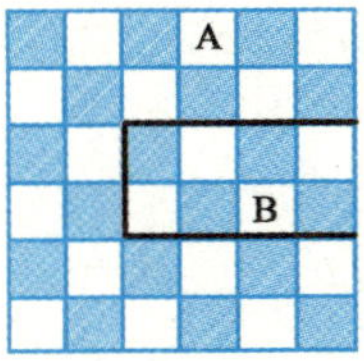

图1

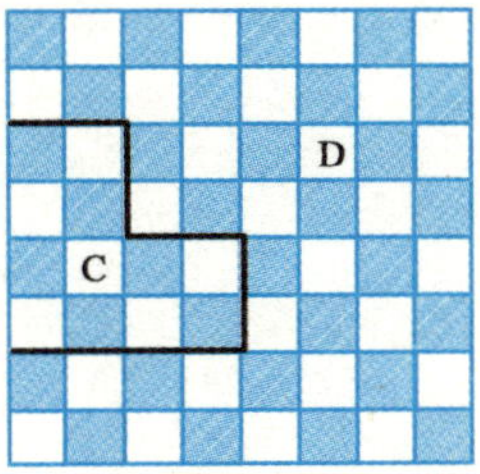

图2

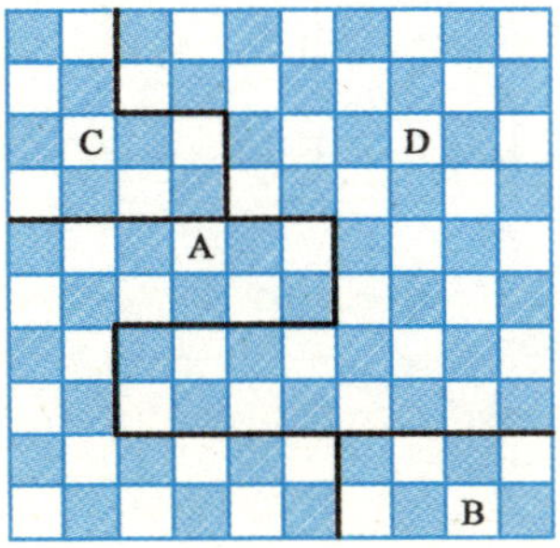

图3

202 农户的难题

如图1所示，首先要找到点A——BC的中点。然后沿着AD和AE对木板进行分割，分割好的三部分按照图2的样式组成一个正方形。

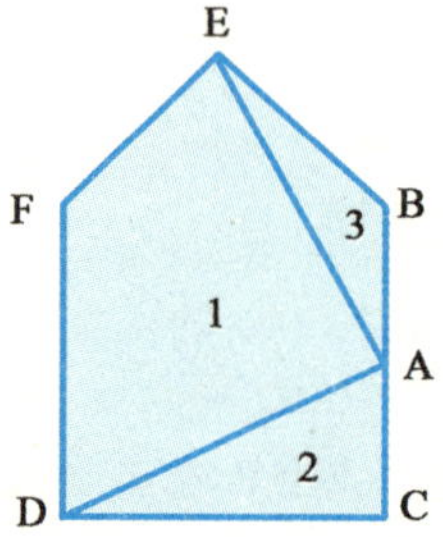

图1

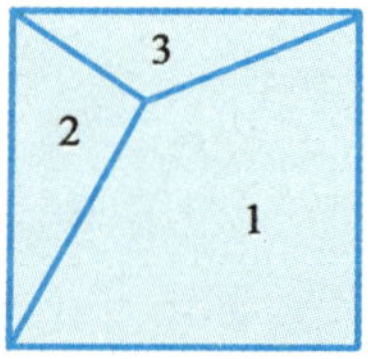

图2

203 两根晾衣绳

两根绳子交会时交会点离地面的高度应该等于两根绳子高度的乘积除以它们相加之和，也就是$\frac{84\times60}{84+60}=35$，所以答案是35厘米。

204 十字架谜题

按照图中所示的方法拼接即可。

205 哥哥的谜题

如图所示，先将平行四边形裁剪以后，通过向上错位的方式拼成菱形，矩形需要裁成两个梯形，然后左右对调，把直角边拼在一起以后就能够形成菱形。

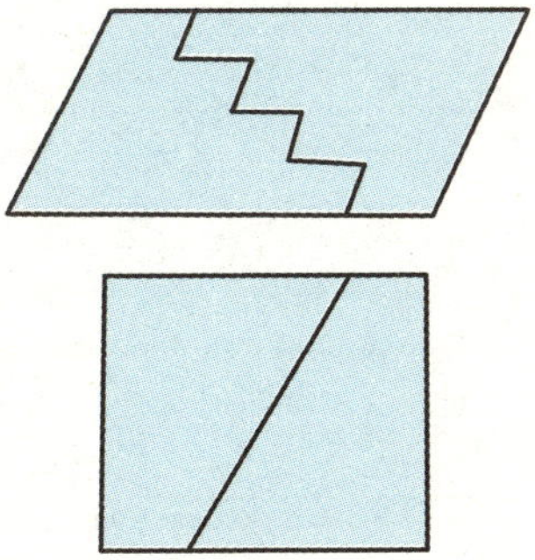

206 奇怪的图形

如图所示，像图1那样对奇怪的图形进行裁剪，然后像图2那样对裁剪的四部分进行拼接，最终形成一个正方形。

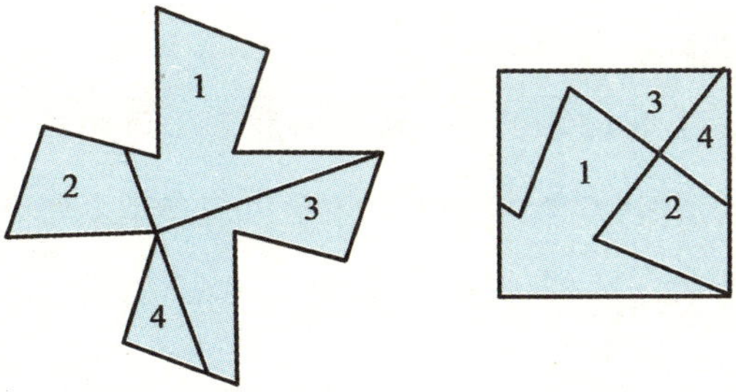

图1　　图2

207 平分生日蛋糕

如图所示，图中展示了把生日蛋糕分成大小和形状都恰好相等的两部分的切割方法，分割线必须经过A、B、C、D和E点，当然，方法并不是唯一的，这只是其中的一种。

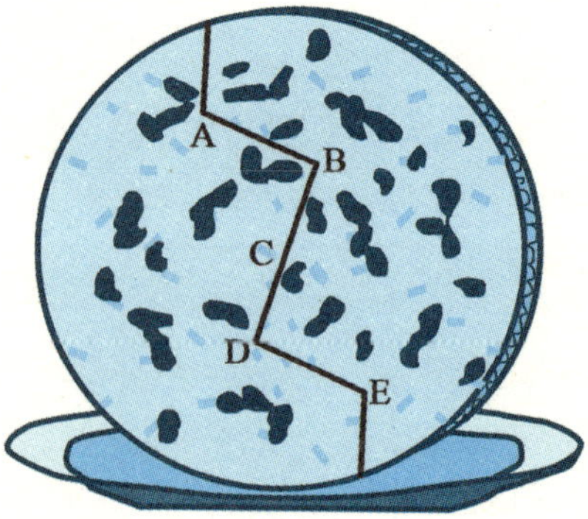

208 圆锥谜题

只要切去圆锥体高的三分之一即可。

209 小储物箱

长方形顶端和侧面面积相乘的结果除以正面面积等于长的平方，120×96÷80=144，它是12的平方，而顶端和正面面积相乘的结果除以侧面面积等于宽的平方，侧面和正面的面积相乘的结果除以顶端面积等于高的平方，从而能够得出宽为10，高为8。

210 分割三角形

图1是题目中的等边三角形，假设每条边长为5厘米，沿着平行于底部的直线切下1这部分，得到一个边长为3厘米的等边三角形，2、3、4、5像图2那样组合，得到另一个等边三角形。如果想要得到三个等边三角形，那么还是按照图1那样切割，首先得到1那样的等边三角形，然后2和3像图3那样拼接，组合成一个等边三角形，4和5像图4那样组合，组成第三个等边三角形。其中图2和图4中的5都是翻转过来的。

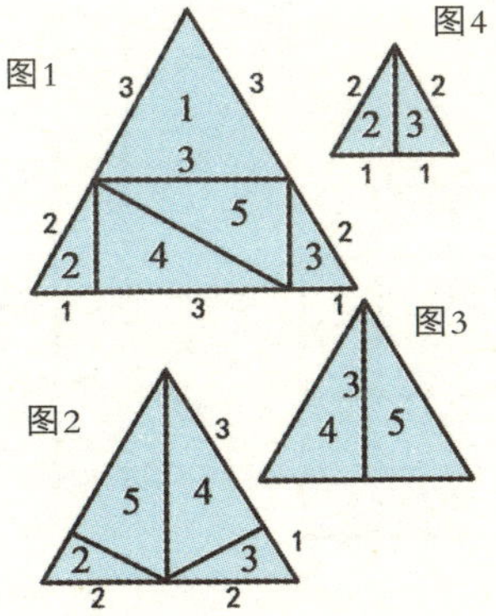

211 两个一样的十字架

如图所示，先将正方形白纸按照图1进行裁剪，得到十字架A，然后剩余的周围4块按照图2进行拼接，形成第二个十字架。

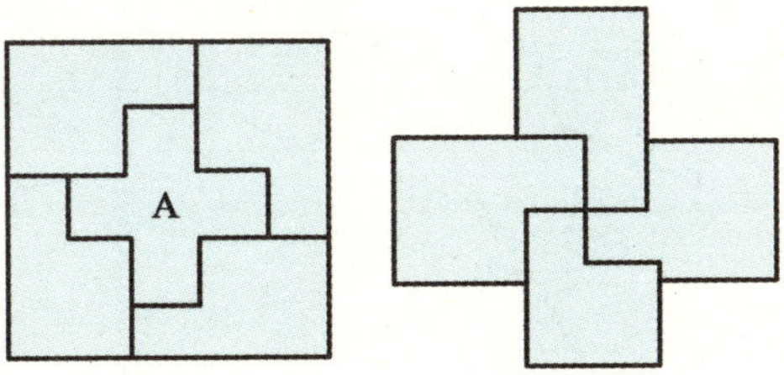

图1　　图2

212 木板拼接

把题目中的图1如图所示进行裁剪，就可以拼成题目中图2的形状。

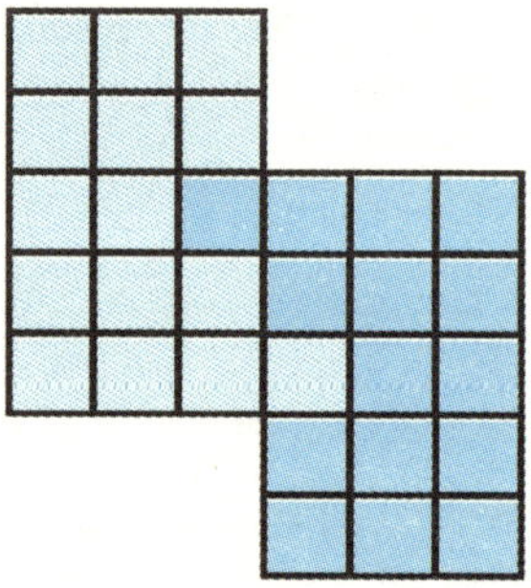

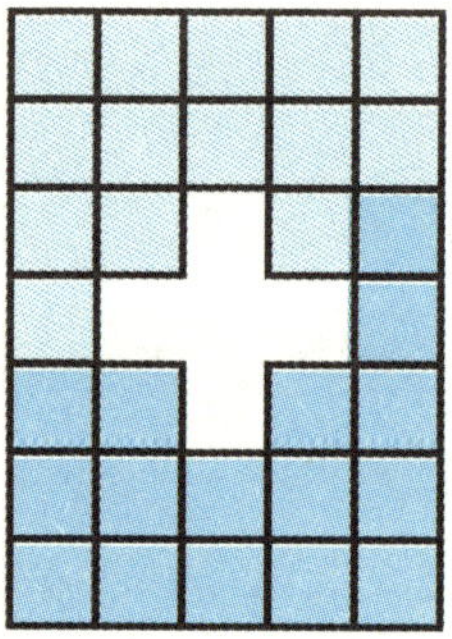

213 七只羊

像下图中这样设置三个围栏，就能够保证每只羊都被单独隔开。

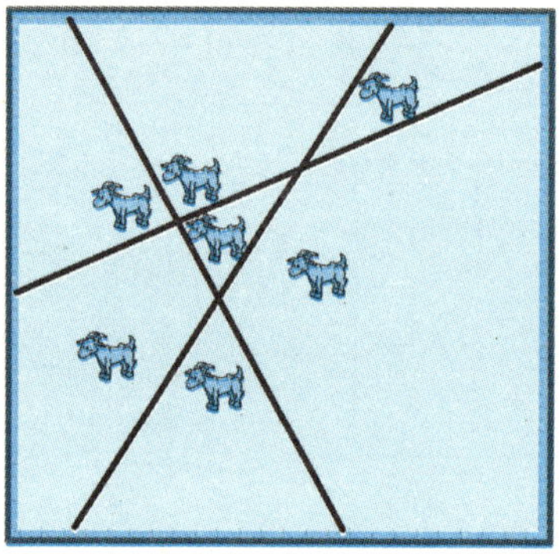

214 小面包谜题

像下图一样沿着蓝线将小面包分割好，然后将右边那一块顺时针旋转90度，就能够和左边那一块拼成一个正方形。

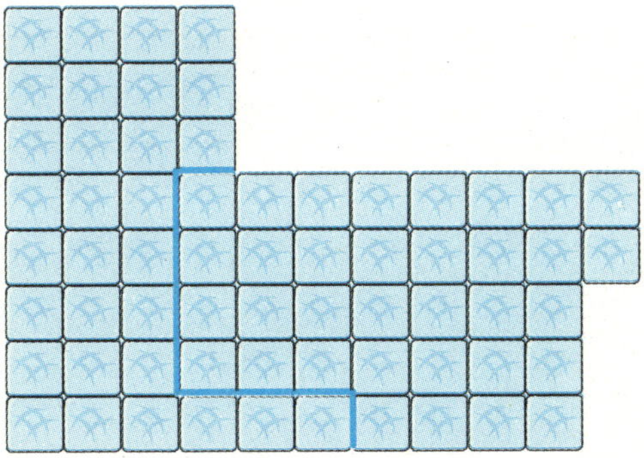

215 八根小木棍

如图所示，按照图中那样排列8根木根即能组成三个正方形。

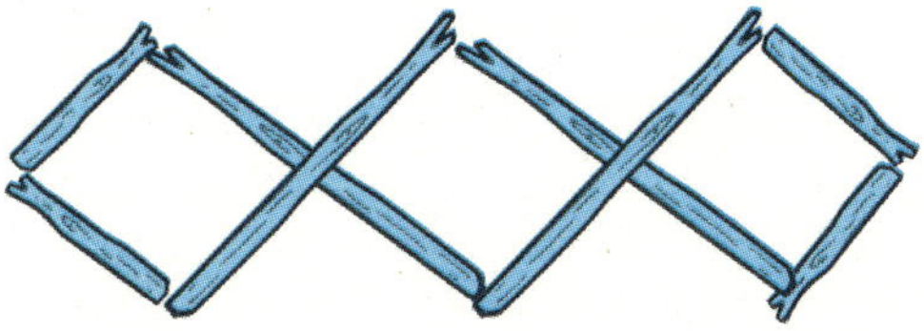

216 裁剪布料

如图所示，标记为A的两部分能够拼成一块正方形布料，标记为B的两部分能够拼成另一块正方形布料。

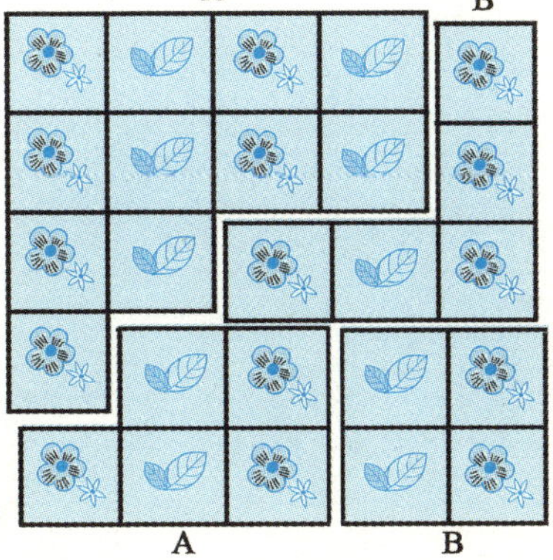

217 正方形谜题

如图所示，把题目中的一个三角形分成两部分，然后和其他四个三角形进行拼接，就能够形成一个正方形。

218 养殖户的猪圈

如果把两个围栏的间距按照1米来计算，那么一个长用5个围栏、宽用2个围栏的长方形猪圈所围成的面积就是4平方米，需要10个围栏。而8个围栏所围成的正方形猪圈面积刚好也是4平方米，虽然面积相同，但是比长方形猪圈少用了两个围栏，题目中要求每个围栏旁刚好放一个够一只猪吃的饲料桶，所以这个养殖户一共养了8只猪。

219 两个正方形

如图所示，只要把大正方形按照图1中的黑线进行裁剪，分成三部分，然后再与小正方形进行组合，就能够形成图2那样的正方形。

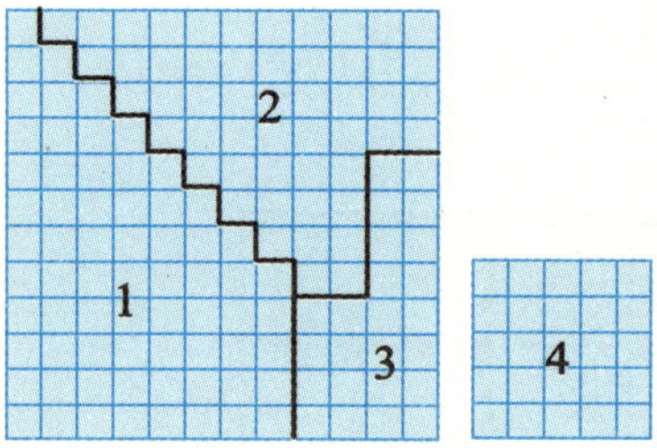

图1

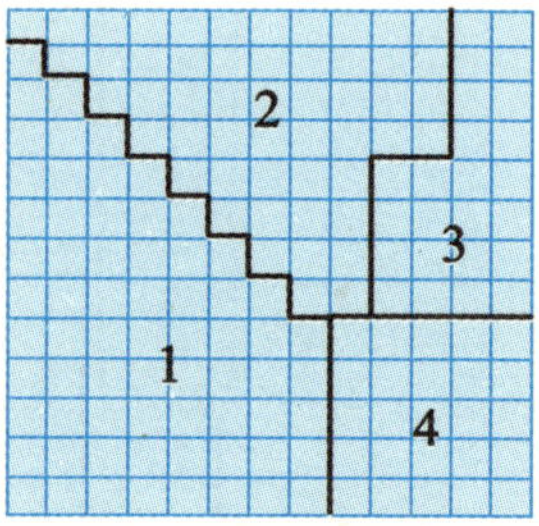

图2

220 树和羊

如图所示，只需要4个围栏就能够满足题目中的要求。

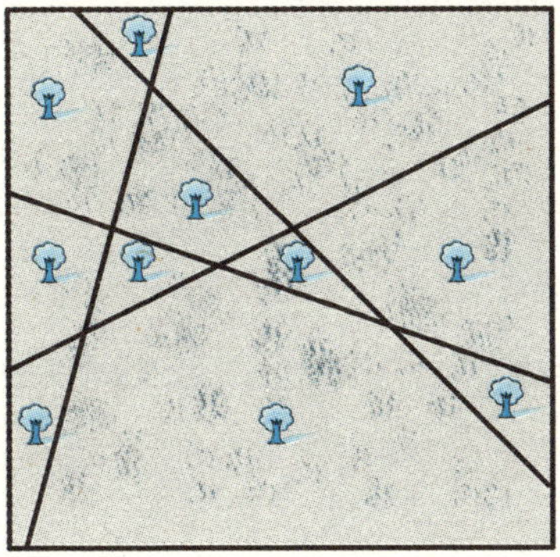

221 木板谜题

如图1所示，沿着直线对木板进行分割，然后按照图2的方式将分割好的四部分拼接即可。

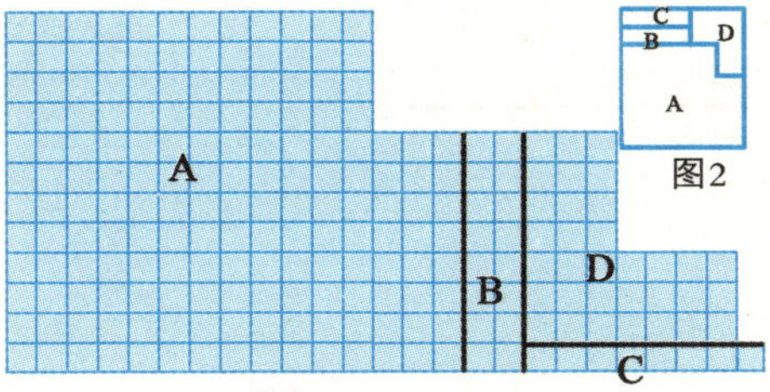

图2
图1

222 狗舍的门

如图所示，这个人可以先把正方形木板锯成三部分，然后为狗舍做一扇门。

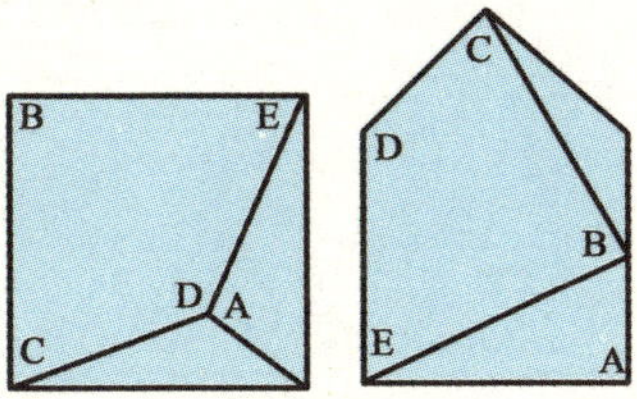

223 花园的面积

从题目中能够得知，名贵的树到花园四角的距离相等，这说明花园是一个四边形。花园四面墙的长度总和是288，它的一半是144，用这个数字减去四面墙的长度，分别得到64、99、44和81，它们相乘的结果是22581504，它是4752的平方，所以花园的面积为4752平方米。

224 布料店老板的谜题

如图1所示，它展现的是如何把布料沿着直线剪成3块，其中的一块只有13个方格，做到了尽可能小。图2展示了如何把这块布料拼接成一个图案互相吻合的正方形。

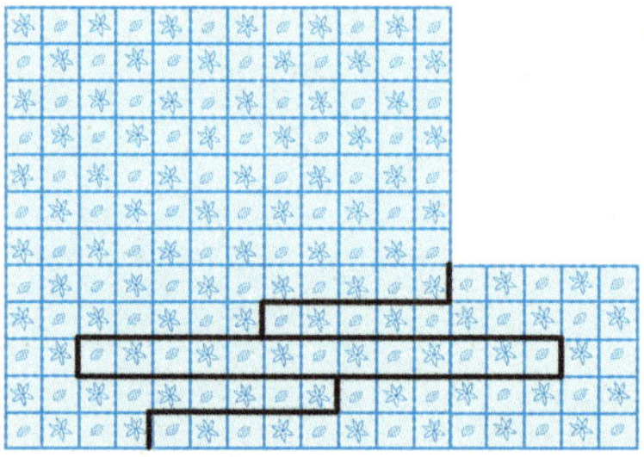

图1

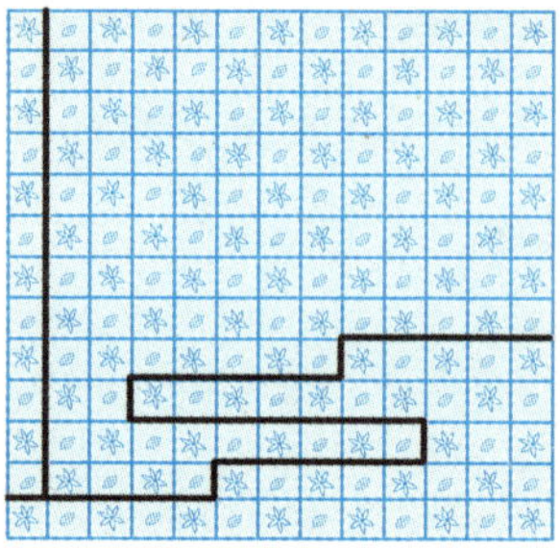

图2

225 马蹄铁谜题

如图所示，图1和图2被分成不同形状的马蹄铁，其中包含了马蹄，图3展现了如何把这四部分组合成一个完整的圆。

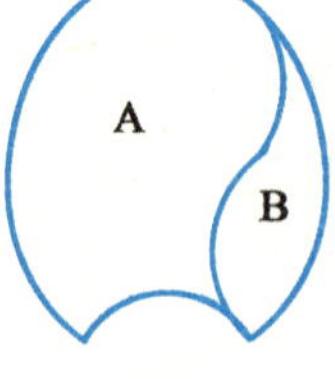

图1

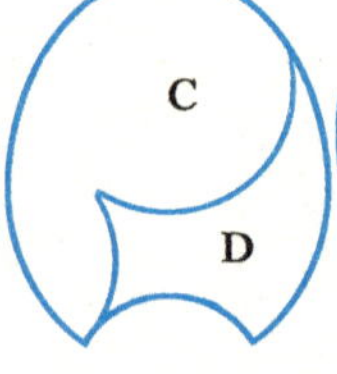

图2

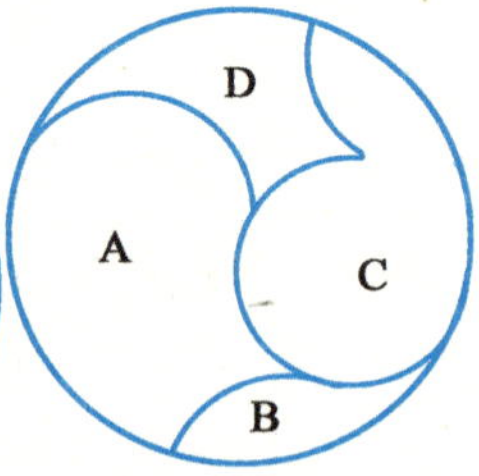

图3

226 印度飞饼

如图所示，三张圆形印度飞饼的直径刚好构成一个直角三角形（A、B、C）。两张较小的印度飞饼的面积之和刚好等于大饼的面积，因此给其中两个小朋友大饼的一半，分别标记为D和E，他们得到所有饼的1/4。接下来把饼H放在剩下的那个饼的顶端，按照图示的方式画出它的圆周，则一个小朋友拿到了F部分，恰好等于最后一个小朋友的饼H+G部分，每个小朋友都分到了饼，并且其中一个小朋友分到了两部分。

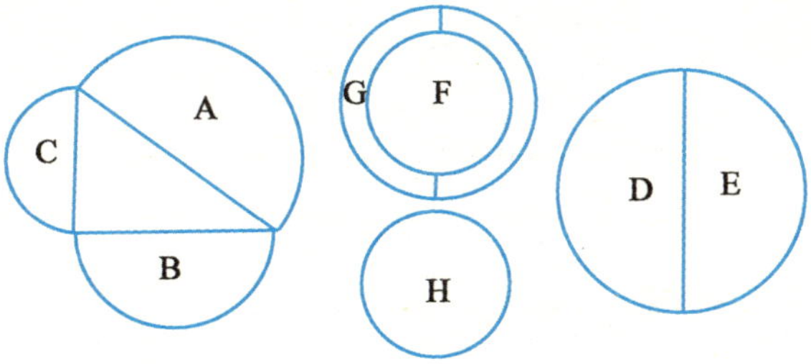

227 螺旋谜题

问题1：如图所示，首先沿着图中的虚线对这张纸进行折叠，然后选取A、B两点为圆心，交替在纸上画半圆，画完以后要使两端相接，就能够得到题目中的螺旋。

问题2：把这张纸放在一个圆柱形的物体表面，然后用圆规在纸上画圆，就可以画出一个椭圆。

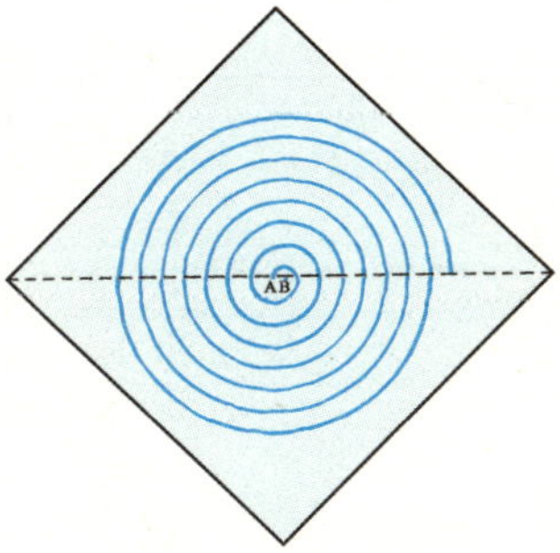

228 方巾谜题

如图所示，在大方巾上面用虚线分出25个小正方形，然后沿着实线对方巾进行裁剪，标记为A的两部分能够组成一个正方形方巾，标记为B的两部分组成另一个正方形方巾，并且上面都有一只狗的图案。

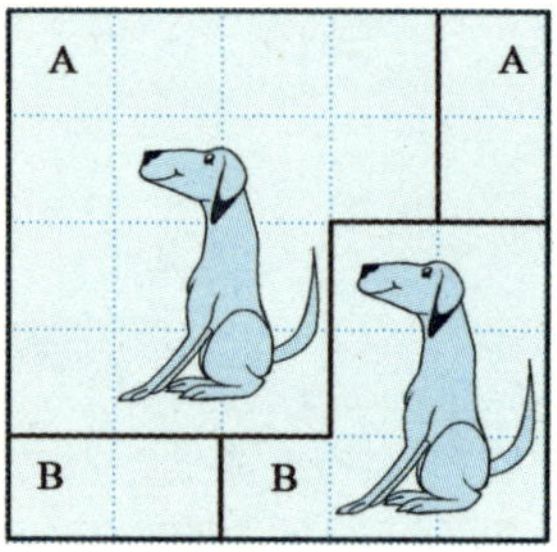

229 数三角形

仔细数过之后，你会发现一共有31个正三角形。

230 草坪谜题

草坪的主人首先要测量出图中AB的长度，然后把卷尺折成4折，标记出点E。接着用同样的办法标记出点F，AE和AF显然分别是AB和AD边长的1/4，如果EG=AF，GF=EF，那么AH就是小径的宽度，这就使得草坪的面积恰好是院子面积的一半。因此，如果花园的长和宽为12和5，那么12+5−13=4，4的1/4是1，这就是小径的宽度。

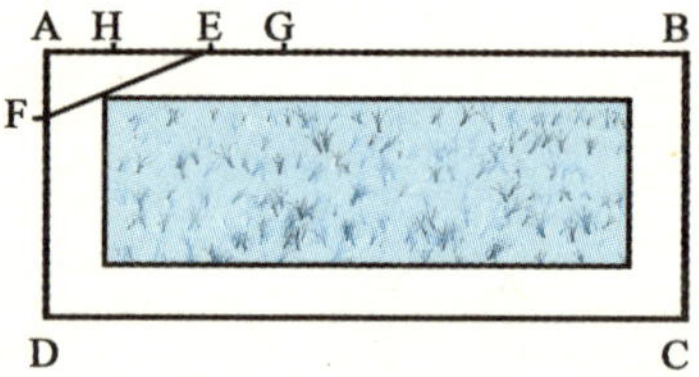

231 实习老师的谜题

如图所示，图1展示了如何分解题目中的正方形，图2展示了如何把分解好的4部分拼接成一个新正方形，它的每横行、每竖行和对角线经过的4个数字相加之和都等于34。

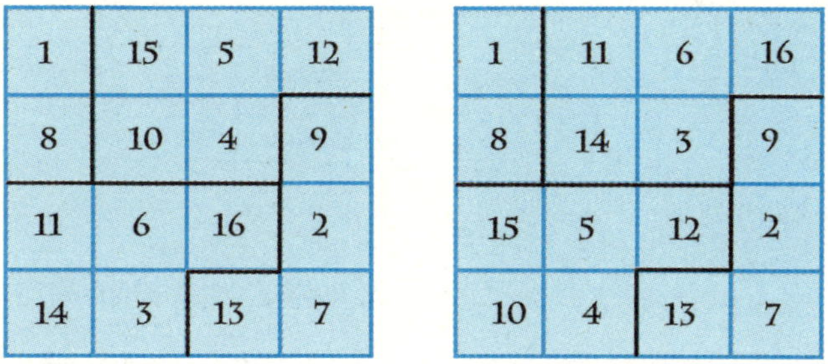

232 分割谜题

如图所示，标记为A的是一个整体正方形，标记为B、C、D的两部分各能拼成一个正方形。

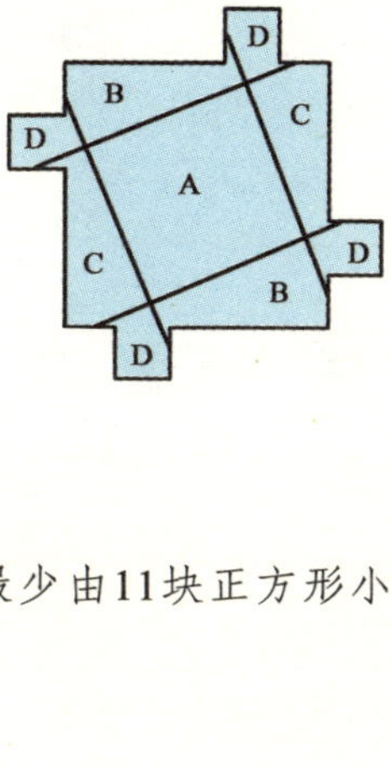

233 心灵手巧的人

如图所示，这块大布料最少由11块正方形小布料组成。

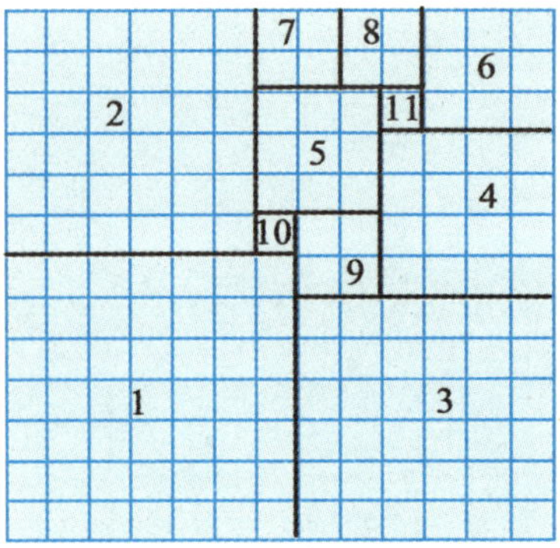

234 火车站谜题

A、B、D三座火车站形成了一个三角形，边长分别是13、14和15，以14的边长作为底边，那么三角形的高就是12，面积为84，将三条边长相乘以后再除以4，就得到A、B、D任意一个车站到C站的距离为8.125千米。

235 切割木头

首先将这块木头的长度切掉5厘米，然后把剩下的木头切成三段，每段厚12.5厘米，这时你会发现，每段都能轻松地分割成8块，所以最终能切割成24块。

第3章 “没有不可能”的魔方与棋盘

236 脾气暴躁的人

如图所示，它展示了如何把13块碎片拼成一个完整的棋盘。

237 跳过数字卡片（一）

按照以下的顺序跳跃，就能够完成谜题。3—11，9—10，1—2，7—15，8—16，8—7，5—13，1—4，8—5，6—14，3—8，6—3，6—12，1—6，1—9，最终除了1号数字卡片，所有的数字卡片都被拿走了。

238 跳过数字卡片（二）

按照以下顺序来移动数字卡片：7—15，8—16，8—7，2—10，1—9，1—2，5—13，3—4，6—3，11—1，14—8，6—12，5—6，5—11，31—23，32—24，32—31，26—18，25—17，25—26，22—32，14—22，29—21，14—29，27—28，30—27，25—14，30—20，25—30，25—5。移动完成后，你会发现棋盘里只剩下25和19这两张数字卡片，它们在17~32的范围里，属于同一组。

239 五人挪硬币

如图所示，图1是第一道谜题的答案，图2是第二道谜题的答案，只需要拐16次弯即可。

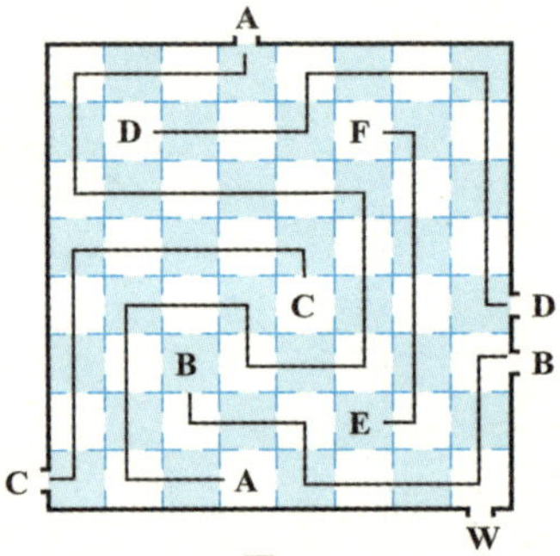

图1

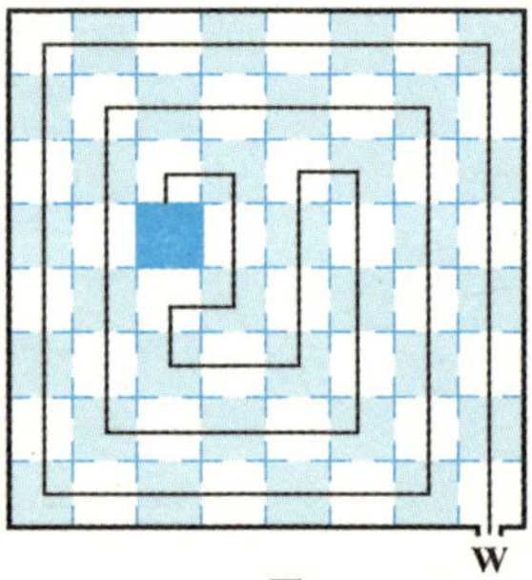

图2

240 魔方谜题爱好者

有很多种不同的组合方式来排列这些数字，但要保证2或3中有一个不能出现在“T”线上。如图所示，这是一个“纳斯卡”魔方，也是符合“T”形条件的魔方。

19	23	11	5	7
1	10	17	24	13
22	14	3	6	20
8	16	25	12	4
15	2	9	18	21

241 格子里的硬币

能够符合题目要求的只有7种摆法，分别是1234（表示把硬币放在第一排第一个格子里，第二排第二个格子里，第三排第三个格子里，第四排第四个格子里），1243，1324，1342，1432，2143，2413。

242 老师与学生

图中一共有81个圆点，老师每位于一个圆点，学生就有80个圆点可以选择，因此81×80=6480，一共有6480种方式来放置老师和学生。那么老师和学生处于同一条路线上的数字是816，用6480减去816，得到5664，这就是学生躲避老师的方式。

243 黑白棋游戏（一）

如图所示，从其中一个白色棋子开始画14条直线，到另一个白色棋子结束，最终所有棋子都被划掉。

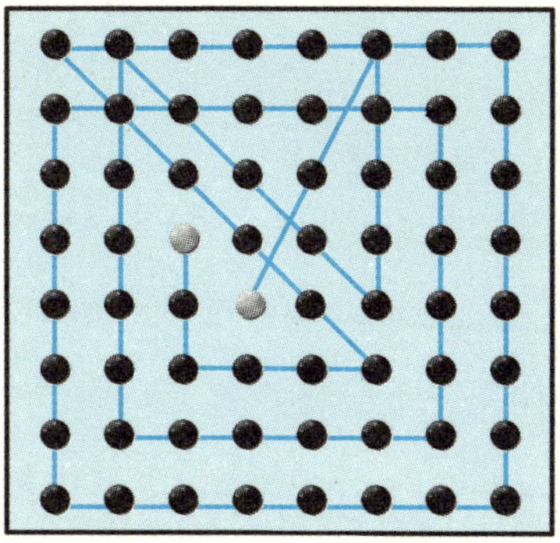

244 黑白棋游戏（二）

如图所示，它展示了如何按照题目中的条件画12条直线，最终把所有棋子都划掉。

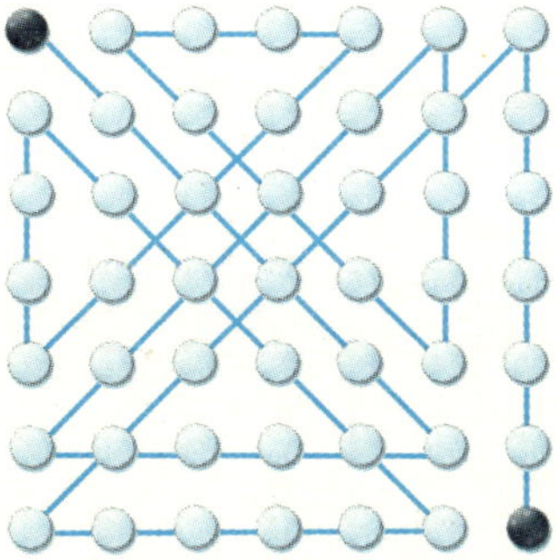

245 硬币的旅程

如图中的路线所示对硬币进行移动，就可以按照要求完成谜题。

246 扑克牌魔方

另外3个魔方如图1、图2和图3所示，有3张A和一张10没有使用，这3个魔方数字相加之和分别是9、18和27，而题目中那个魔方数字相加之和是15，完全符合4个魔方数字相加之和不一样的要求。

3	2	4
4	3	2
2	4	3

图1

6	5	7
7	6	5
5	7	6

图2

9	8	10
10	9	8
8	10	9

图3

247 金板上的宝石

如图所示，沿着黑线进行切割即可（为了方便观察，分割出来的四块里有两块被打上了阴影）。

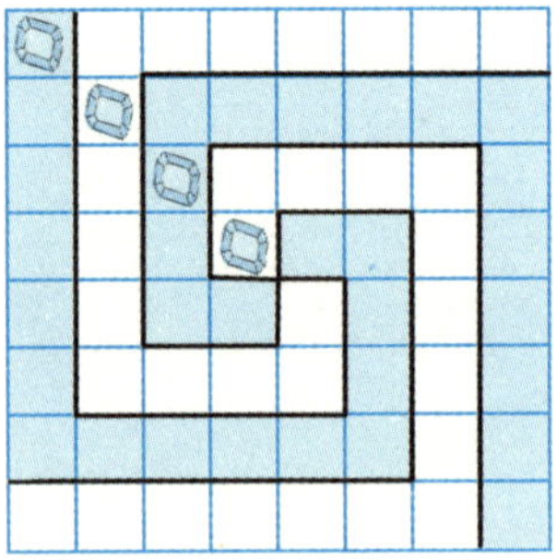

248 五角和一元

按照下面的顺序移动硬币，2-3（表示把2号圆点的五角硬币放置在3号圆点上），9-4，10-7，3-8，4-2，7-5，8-6，5-10，6-9，2-5，1-6，6-4，5-3，10-8，4-7，3-2，8-1，7-10，最终保证在符合题意的前提下，一元硬币和五角硬币变换了位置。

249 应聘者遇到的谜题

根据题目要求，最终符合条件的魔方如图所示，只需要移动14次，就能够完成，移动的顺序如下：8-17（硬币8挪到方格17），16-21，6-16，14-8，5-18，4-14，3-24，11-20，10-19，2-23，13-22，12-6，1-5，9-13。

250 国际象棋棋盘

如图所示，从图中标示的数字可以看出，在满足题目中全部条件的前提下，棋盘最多能够被分成18块。

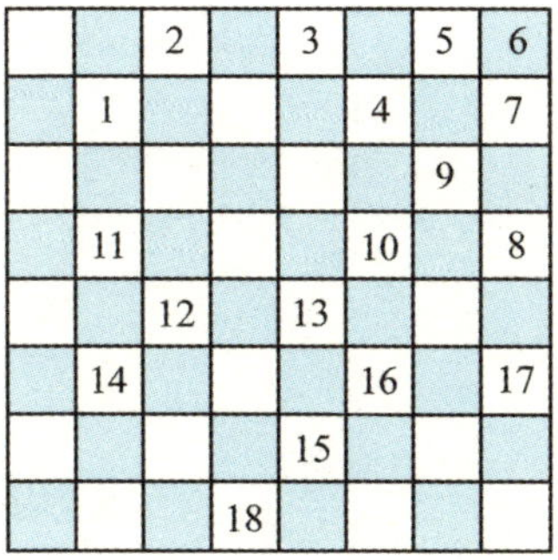

251 滑雪比赛

答案如图所示，图中的数字表明了直线方向的准确顺序。

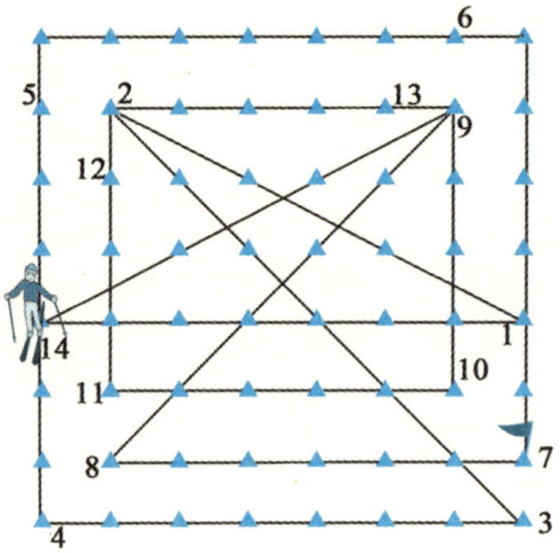

252 数字之和变15

题目中要求在其他方格内填上不同的数字，而且没有规定必须是整数，所以如图所示，它完全符合数字8不动，在其他方格填上不同的数字，使每行、每列以及两条对角上的数相加之和等于15。

$4\frac{1}{2}$	8	$2\frac{1}{2}$
3	5	7
$7\frac{1}{2}$	2	$5\frac{1}{2}$

253 两组卡片

想要满足题目中的条件，25张字母卡片可以按照表1那样排列，49张字母卡片可以按照表2那样排列。

R1	B2	Y3	O4	G5
Y4	O5	G1	R2	B3
G2	R3	B4	Y5	O1
B5	Y1	O2	G3	R4
O3	G4	R5	B1	Y2

表1

A1	B2	C3	D4	E5	F6	G7
F4	G5	A6	B7	C1	D2	E3
D7	E1	F2	G3	A4	B5	C6
B3	C4	D5	E6	F7	G1	A2
G6	A7	B1	C2	D3	E4	F5
E2	F3	G4	A5	B6	C7	D1
C5	D6	E7	F1	G2	A3	B4

表2

254 纸条变魔方

如图所示，只需要保持一张纸条是完整的，其他6张纸条在不同的地方剪断，就能够用这13部分组合成魔方。当然这只是其中的一种方法，如果将未被剪断的那张纸条逐次移动至底部，或者将这些数字想象成7条竖行的纸条，就能够发现每列都可以按照从左到右或者从右到左的顺序依次移动，都会形成一个魔方。

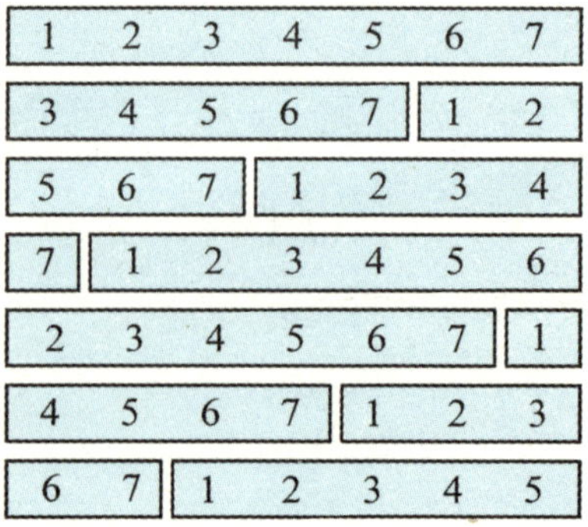

255 趣味移卡片

答案如图所示，每横行、每竖行以及两条对角线上的数字相加都等于30。

0	14	13	3
11	5	6	8
7	9	10	4
12	2	1	15

256 棋子的移动

如图所示，两张图都展示了该如何在16步之内按题目要求完成棋子的移动。

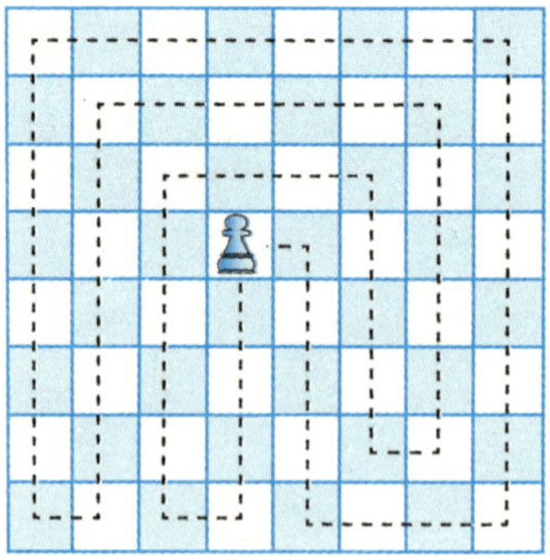

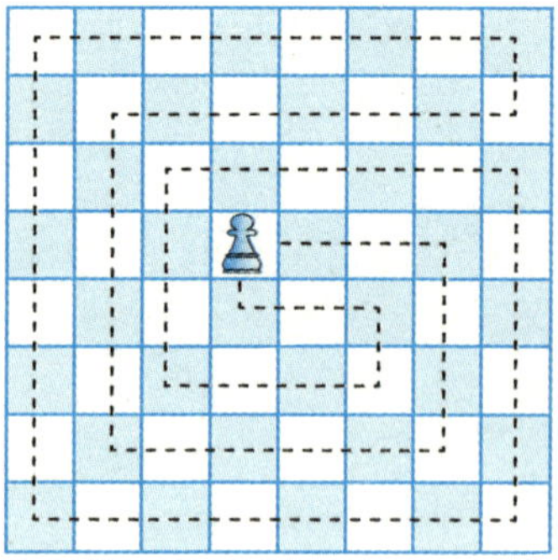

257 数字卡片魔方

一共有8种方式能够构成这种魔方，它们都是基于一种基本排列方式的变体，比如将第一个魔方旋转15度，就能得到第二个魔方。但是在这8种排列方式中，只有4种符合要求，而移动次数最少的只有2种，如图所示，数字卡片按照下面的顺序进行移动：5、3、2、5、7、6、4、1、5、7、6、4、1、6、4、8、3、2、7，从而得到图1的魔方。再将数字卡片按照下面的顺序移动：4、1、2、4、1、6、7、1、5、8、1、5、6、7、5、6、4、2、7，从而得到图2的魔方，它们都移动了19次，但是在图1中，每张数字卡片都移动了，而在图2中，数字卡片3并没有移动，所以图2的魔方是符合题目要求的。

图1

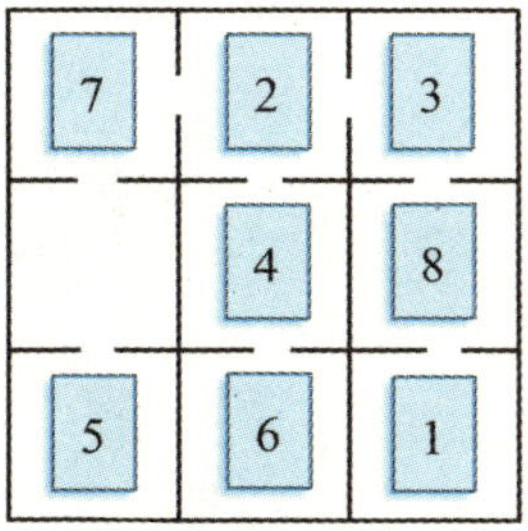

图2

258 36张字母卡片

首先将6张字母卡片A和6张字母卡片B分别放进方格，然后把剩下的4种字母卡片每种放5个，如图所示，字母卡片C和D各有6张，字母卡片A、B、E和F各有5张，并且任何方向上都不会有两个相同的字母处在同一条直线上。因为有4个空的方格，所以也证明要想把所有字母卡片都放进去是不可能的，只能尽可能多地放置。

A	B	C	D	E	F
D	E	A	F	B	C
F	C			E	A
B	D			C	E
C	A	E	B	F	D
E	F	D	C	A	B

259 最爱双数的人

如图所示，只需要涂黑12个方块就能够满足这个人奇怪的要求。

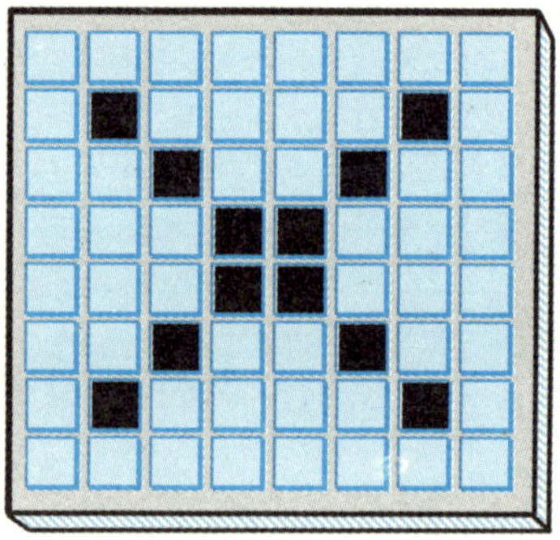

260 减法和除法魔方

如图所示，图1的魔方通过减法运算，能够得到常量8，并且关联的对数之差都是4。图2的魔方通过除法运算，能够得到常量9，并且关联的对数之商都是3。

11	4	14	13
16	7	1	2
6	5	3	12
9	10	8	15

图1

36	8	54	27
216	12	1	2
6	3	4	72
9	18	24	108

图2

261 地牢营救（一）

图中的虚线标出了勇士营救将军的路线，在进入第一个地牢时，需要马上折返进入到另外一个地牢，否则这道谜题无解。

262 地牢营救（二）

如果将军按照图中的线路走，将最终走出57条直线逃脱。

263 巧妙移棋子

如图所示，它展示了该如何移动3枚棋子到相邻的格子，并且保证每横排、每竖排和对角线上不会出现两枚棋子。

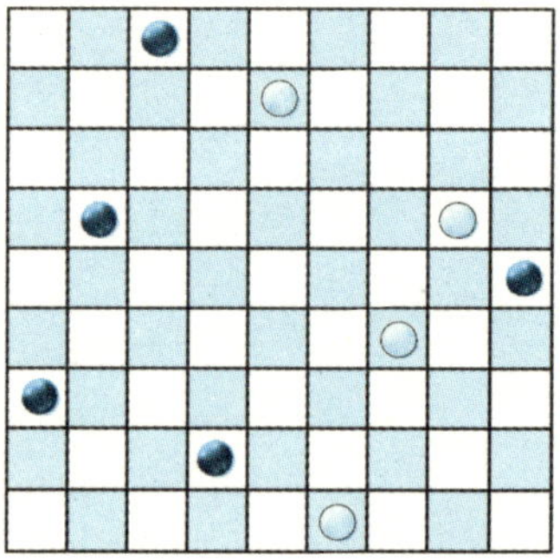

264 分糖果

因为幼儿园园长让老师挑选一盒糖果，将糖果分给每个小朋友，并且得到的数量一样多，但是老师分发的时候却发现无法完成，所以每盒糖果盒里的糖果很可能都是质数，谜题就是要设计出一个不同质数的魔方。

图1和图2都是质数魔方，并且图1给出了可能的最小常量，但是图1显示有1盒糖果盒里有1个糖果，图2显示有1盒糖果盒里有7个糖果，从题目中给出的图能够看出，每盒的糖果数肯定都超过7个，所以显然图1和图2都不符合题意。每盒糖果数在20到250个差不多符合题意，有很多种排列在这个范围内，比如图3就完全符合要求。

7	61	43
73	37	1
31	13	67

图1

103	79	37
7	73	139
109	67	43

图2

83	29	101
89	71	53
41	113	59

图3

265 八枚小红花

由于有一朵小红花已经被固定，能够完成这道谜题的摆放方法只有一种，答案如图所示。

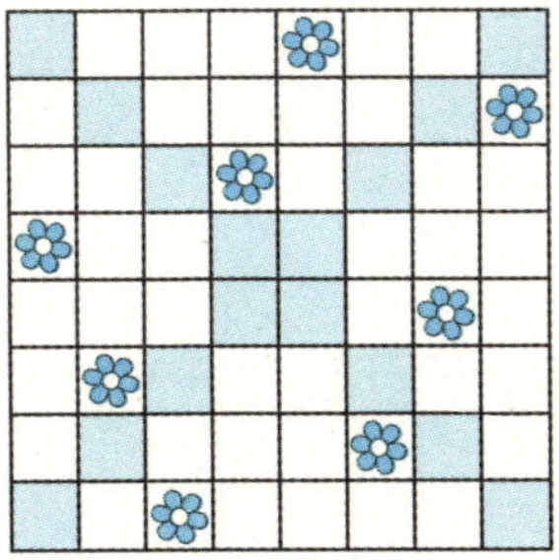

266 有关四枚硬币的谜题

最多只需要移动16次就能够完成这道谜题，但是如果把硬币的连续移动算作一次的话，只需要移动7次就能够按要求完成这道谜题，移动顺序如下：(1-5)，(3-7，7-1)，(8-4，4-3，3-7)，(6-2，2-8，8-4，4-3)，(5-6，6-2，2-8)，(1-5，5-6)，(7-1)。“1-5”表示一枚一元硬币从1号方框移动到5号方框，括号里的移动表示一枚硬币连续移动一次。

267 笼子里的狗

图中的魔方就完全符合题目的要求，它是按照以下顺序来移动的：15，14，10，6，7，3，2，7，6，11，3，2，7，6，11，10，14，3，2，11，10，9，5，1，6，10，9，5，1，6，10，9，5，2，12，15，3。只需要移动37次即可，而且4、8、13和14号狗最终还待在原来的笼子里。

268 蚂蚁的旅行

如图所示，按照这样的线路，只需要16次拐弯，蚂蚁就能够按照要求爬完所有的白色格子。

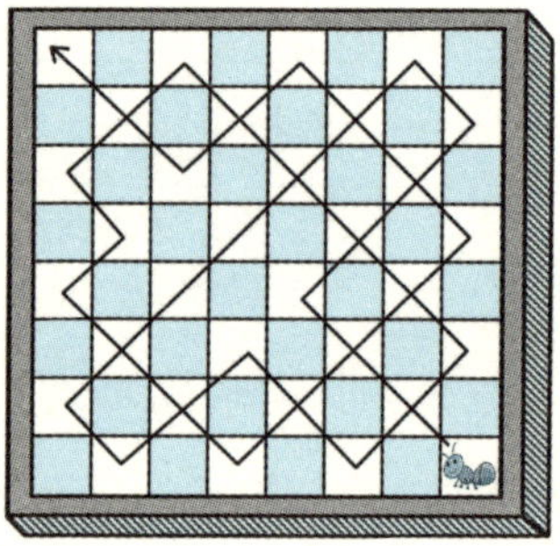

第4章 不可思议的其他数学问题

269 员工的福利

一共有7大瓶酒和5个大的空瓶，7小瓶酒和5个小的空瓶。第一名员工得到3大瓶酒和1个大的空瓶，1小瓶酒和3个小的空瓶。其他两名员工得到了2大瓶酒和2个大的空瓶，3小瓶酒和1个小的空瓶。

270 公交车上的对话

这个中年人是乙的叔叔或者伯伯。

271 难解的木棍谜题

9根小木棍可以拼成英文单词“TEN”，它的中文意思是“十”，6根小木棍可以拼成英文单词“NIX”，它的中文意思是“无”。

272 董事长排座位

第二天，董事长按照A、F、B、D、G、E、C的顺序安排座位。第三天，董事长按照A、E、B、C、G、F、D的顺序安排座位，只有这样安排才完全符合题意。

273 过河的夫妻（一）

这道题解释起来比较复杂，但是如果做一个图表，答案就显而易见了。图表中的“+”代表船只，数字代表过河的次数，中间的空白格代表河流，第1次abc过了河，第2次bc乘船返回，剩下a在对岸，以此类推，最终需要11次这五对夫妻才能全部过河。

	ABCDE abcde+		
1	ABCDE de		+abc
2	ABCDE bcde+		a
3	ABCDE e		abcd+
4	ABCDE de+		abc
5	DE de		ABC abc+
6	CDE cde+		AB ab
7	cde		ABCDE ab+
8	bcde+		ABCDE a
9	e		ABCDE abcd+
10	bce+		ABCDE ad
11			ABCDE abcde+

274 过河的夫妻（二）

一共只需要17次，就能够让所有人都过河。

1. 甲夫妇先过河。
2. 甲夫妇中的丈夫单独返回。
3. 甲夫妇中的丈夫带另两对夫妇中的一位妻子过河。
4. 甲夫妇返回。
5. 甲夫妇中的丈夫带另两对夫妇中的另一位妻子过河。
6. 甲夫妇中的丈夫单独返回。
7. 另两对夫妇中的两位丈夫渡河。
8. 一对夫妇返回。
9. 甲夫妇渡河。
10. 另一对夫妇返回。
11. 两对夫妇中的两位丈夫过河。
12. 甲夫妇中的丈夫单独回来。
13. 甲夫妇中的丈夫带一位妻子过河。
14. 甲夫妇返回。
15. 甲夫妇中的丈夫带另一位妻子过河。
16. 甲夫妇中的丈夫单独返回。
17. 甲夫妇过河。

275 还剩多少硬币

从11枚一元硬币中拿出5枚，然后再添加4枚，这4枚应该和5枚放在一起，于是剩下9枚硬币。

276 走楼梯

按照以下顺序走楼梯：1（回到地面），1，2，3（2），3，4，5（4），5，

6，7（6），7，8，上楼梯平台（8），上楼梯平台，括号里的梯级表示向后倒退，可以看到除上第一级后返回地面外，每往前走三级，再往后走一级，只需要19步就能走完这段楼梯。

277 涂魔方

红色可以涂在任何一面，每次涂完红色以后，就有四面可以选择涂上黄色，涂完黄色以后，就有两面可以选择涂上蓝色，其中的橙色、白色和绿色是不需要考虑的，因为它们的位置是由红色、黄色和蓝色决定的，$6\times4\times2=48$，所以有48种涂色方式。

278 土财主的三个女儿

三个女儿的总体重是396斤，每两个人之间差10斤，那么三个人的体重分别是二女儿122斤、大女儿132斤、小女儿142斤。柱子和二女儿是一对，两个人的体重都是122斤，大女儿和重八是一对，重八比大女儿重一半，也就是198斤，两人一共重330斤。小女儿和牛二是一对，牛二体重是284斤，两人总体重是426斤。三对新人的总体重相加刚好是1000斤。

279 家庭聚会

这场聚会由两个女孩和一个男孩以及他们的父母和祖父、祖母组成，其中祖父还是父亲和公公，祖母还是母亲和婆婆，孩子的父亲还是儿子，孩子的母亲也是儿媳妇，两个女孩是姐姐，一个男孩是弟弟。

280 四人军棋大赛

每名员工可以按照以下的顺序来安排比赛：第一天（AB—IL，EJ—GK，FH—CD）；第二天（AC—JB，FK—HL，GI—DE）；第三天（AD—KC，GL—IB，HJ—EF）；第四天（AE—LD，HB—JC，IK—FG）；第五天（AF—BE，IC—KD，JL—GH）；第六天（AG—CF，JD—LE，KB—HI）；第七天（AH—

DG，KE—BF，LC—IJ）；第八天（AI—EH，LF—CG，BD—JK）；第九天（AJ—FI，BG—DH，CE—KL）；第十天（AK—GJ，CH—EI，DF—LB）；第十一天（AL—HK，DI—FJ，EG—BC）。

281 枪声谜题

第一个知道有人开枪的是看到烟雾的汤姆，看到子弹擦过水面的约翰是第二个知道有人开枪的，而听到了枪声的吉米则是最后一个知道有人开枪的。

282 多米诺骨牌谜题

可以这样排列：（2-0）（0-0）（0-1）（1-4）（4-0），这只是其中的一种排列方式，符合题意的排列方式一共有10种，剩下的排列方式就不一一列举了。

283 糖果盒里的糖

如图所示，图中展示了如何把10颗糖放进三个糖果盒里，并且保证每个糖果盒里的糖都是奇数，糖果盒上的数字表示了它里面的糖果数，如果一个糖果盒容纳了另一个糖果盒，肯定也就容纳了它里面的糖果。

284 饮料和水（一）

小水杯里的饮料是全部液体的1/6，大水杯里的饮料是全部液体的2/9，它们相加的结果7/18，所以饮料占全部液体的7/18，因此水占了11/18。

285 饮料和水（二）

水壶的容量是2.93斤。

286 中式台球比赛

这道谜题没有明确的答案，因为甲战胜了丁，所以他声称自己没有输，丁是后加入的，不接受任何约定，而且他战胜了丙，他也声称自己没有输，而丙按照之前的约定，和乙一起战胜了甲，所以丙也声称没有输。

287 十桶啤酒

把题目中图里的最下面那行编号相乘，然后除以最上面那行编号的乘积，就能够得到从10件物品中一次拿出5个的不同组合方式，共有252种。将这个数字除以6，结果是42，这就是这道谜题的答案，一共有42种排列方式能够满足烟酒店店主的要求。

288 烧脑的骰子游戏

如果想要甲乙双方获胜的概率是一样的，甲应该选择数字5和9，乙应该选择数字13和15，三颗骰子加起来的情况有216种，其中相加之和等于5的有6种，等于9的有25种，获胜概率就是31/216。相加之和等于13的有21种，等于15的有10种，获胜概率同样是31/216。

289 今天是星期几

今天是星期日，当明天的明天（星期二）是昨天时，“今天”就是星期三，而当昨天的昨天（星期五）是明天时，“今天”将是星期四，星期四到星期日和星期日到星期三都隔着两天。

290 游戏室里的谜题

孩子们可以按照下面的顺序排列：第一天（AB，CD，EF，GH，IJ，

KL）；第二天（AE，DL，GK，FI，CB，HJ）；第三天（AG，LJ，FH，KC，DE，IB）；第四天（AF，JB，KI，HD，LG，CE）；第五天（AK，BE，HC，IL，JF，DG）；第六天（AH，EG，ID，CJ，BK，LF）；第七天（AI，GF，CL，DB，EH，JK）；第八天（AC，FK，DJ，LE，GI，BH）；第九天（AD，KH，LB，JG，FC，EI）；第十天（AL，HI，JE，BF，KD，GC）；第十一天（AJ，IC，BG，EK，HL，FD）。

291 阿里巴巴窃宝

一共只需要11次操作，阿里巴巴一行人就能带着珠宝顺利逃脱，为了方便解答出这道谜题，需要做一个表格，看起来更加直观。

滑落珠宝
助手乙滑落——珠宝上来
助手甲滑落——助手乙上来
珠宝滑落
阿里巴巴滑落——助手甲和珠宝上来
珠宝滑落
助手乙滑落——珠宝上来
珠宝滑落
助手甲滑落——助手乙上来
助手乙滑落——珠宝上来
珠宝滑落

292 等距的五枚硬币

如图1所示，先把三枚一元硬币放置在一起，然后把剩下的两枚硬币像

图2那样放置，使它们顶部互相接触，底部与三枚水平放置的硬币接触，这样每枚硬币都与其他硬币等间距接触了。

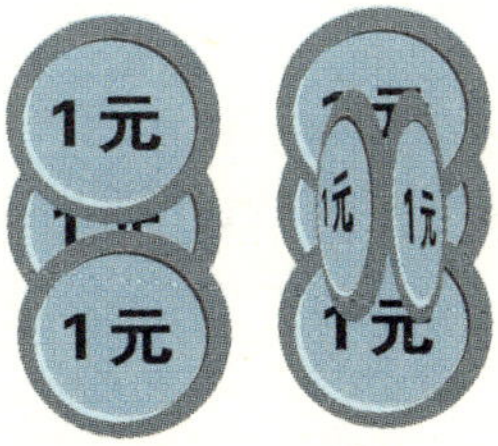

图1　　图2

293 游戏卡片

从图中能够看出，游戏卡片以1234的方式裁剪，有3种方式。以1256的方式裁剪，有6种方法。以1235、1567或3567的方式裁剪，有28种方式。以1236或2567的方式裁剪，有14种方式。以1267、2356、15610或2569的方式裁剪，有14种方式。把它们相加得出一共有65种裁剪方式。

294 速滑比赛

在环形赛道上，一名选手前面的选手数量和后面的选手数量是相同的，所有其他速滑选手既在前面，也在后面，因此包括卫冕冠军在内，一共有13名参赛选手，12×1/3＋12×3/4 刚好等于13。

295 圆球摆放谜题

从箱子的侧面，也就是14×2245 这面放，可以放13排圆球，交替为7个和6个，一共是85个。在这基础上，可以在上面再放一层12排的圆球，交替为7个和6个，一共是78个。在24910 这一面，可以放15层，85个和78个交替放，8×85+7×78=1226，这就是最终的答案。

296 一样的土地

在面积上，10000平方米耕地和边长是100米的正方形耕地是一样的，但是在形状上却是不同的，正方形耕地只能是正方形，但是10000平方米耕地却可以是任意的形状。

297 羽毛球比赛

给四对选手中的男选手编号为1234，女选手编号为5678，按照下面的图表来安排比赛。

	场地A	场地B
第一天	1和7 vs 2和8	3和5 vs 4和6
第二天	1和8 vs 3和6	4和5 vs 2和7
第三天	1和6 vs 4和7	2和5 vs 3和8

298 扑克牌谜题

一共有18种排列方式，其中相加之和等于23的有4种排列方式，分别是：56174、35168、34178和25178（这里只列出横排中的数字，竖排中的数字就很容易放置了）。相加之和等于24的有3种排列方式，分别是：25368、15378和24378。相加之和等于25的有4种排列方式，分别是：14578、23578、24568和34567。相加之和等于26的有3种排列方式，分别是：14768、23768和24758。相加之和等于27的有4种排列方式，分别是：34956、24957、14967和23967。通过观察能够发现，十字架中心的那张扑克牌必须是奇数。

299 链子的谜题

从题目中得知，断开再重新焊接一个环需要3元钱，那么把9条断链组合成一个长链需要27元，但是一条新的狗链只需要26元，似乎买一条新的更合适，但是如果把一条含有3个环和一条含有4个环的断链分解，然后用7个环把剩下的7条断链焊接，就只需要21元，比买一条新狗链便宜5元钱。

300 办公室的人数

这家公司最少有32名员工，下面六张图显示了从周一到周六办公室人数的安排和调整，周四、周五和周六这三天的安排并不是唯一的。

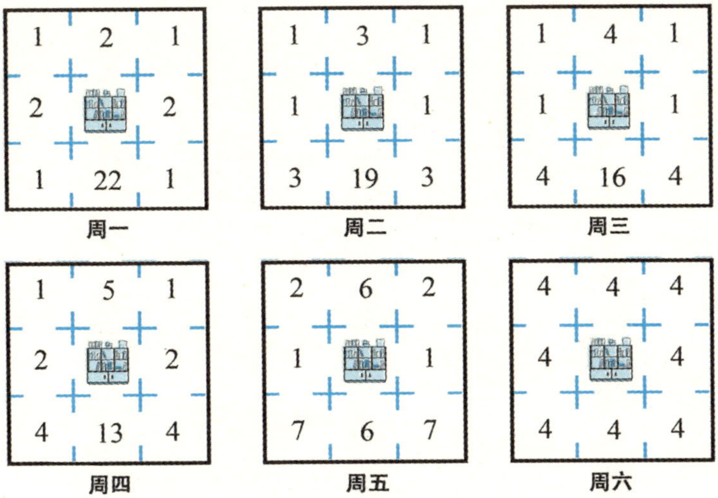

301 受伤的足球运动员

足球运动员的受伤情况有三种可能：(1) 2人双腿完好，1人左腿受伤，4人双腿受伤。(2) 1人双腿完好，1人左腿受伤，2人右腿受伤，3人双腿受伤。(3) 2人左腿受伤，3人右腿受伤，2人双腿受伤。所以外援最少有7个人。

302 分蜂蜜

三个人想要平分这些蜂蜜和桶，且都不想要4只以上都是全满、半满或者空桶，那么只能有两个人分得相同的物品，如图表所示，这道题和“员工的福利”那道题很类似。

	满桶	半桶	空桶
第一个人	3	1	3
第二个人	2	3	2
第三个人	2	3	2

303 拿错的手机

下面通过图表列出从1个人到8个人拿错手机，一共有多少种拿法。

人数	拿错
1	0
2	1
3	2
4	9
5	44
6	265
7	1854
8	14833

观察表格能够发现规律，就是2×0+1=1，3×1−1=2，4×2+1=9，5×9−1=44，以此类推，用下一个人数乘以上一次拿错的拿法，如果乘数是偶数就加1，如果乘数是奇数就减1，最终能得到8个人一共有14833种拿法的答案。

304 围栏移动

下面三张图解答了如何移动2道围栏、3道围栏和4道围栏后，让这群鸡变成两组6只一群和4只一群。

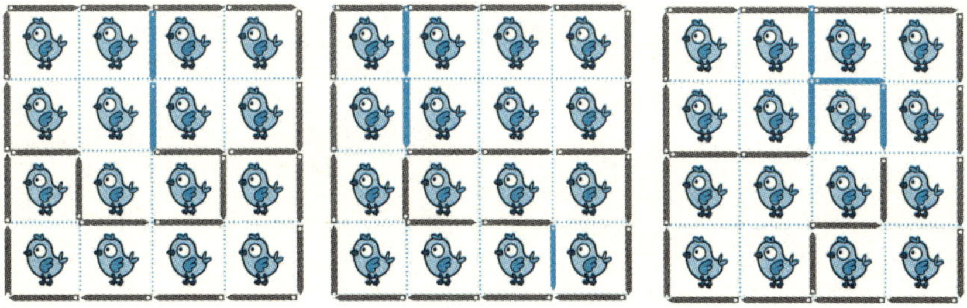

305 九张扑克牌

点数相加之和最小的可能是17，点数相加之和最大的可能是23。点数相加等于17的有两种排列方式，等于19的有四种排列方式，等于20的有六种排列方式，等于21的有四种排列方式，等于23的有两种排列方式，一共有18种基础排列方式，两边中间的两张牌可以互相调换位置而不影响总和，因此每种基础排列有8种展示方式，从而得出放置纸牌的不同方式总共有144种。

306 分酒谜题（一）

按照下表只需要11步就能将12斤白酒进行均分，图表纵行显示了每个容器以及三个好朋友开始以及每次操作后的白酒含量和获得量。

酒桶	5斤容器	3斤酒桶	甲	乙	丙
7	5	0	0	0	0
7	2	3	0	0	0
7	0	3	2	0	0
7	3	0	2	0	0
4	3	3	2	0	0
0	3	3	2	0	0

0	5	1	2	4	0
0	5	0	2	4	1
0	2	3	2	4	1
0	0	3	4	4	1
0	0	0	4	4	4

307 分酒谜题（二）

如下表所示，只需要11步就能够解决这道谜题，图表的纵行显示了每个容器开始以及每次操作以后的含量。

10斤装酒容器	10斤装酒容器	5斤没酒容器	4斤没酒容器
10	10	0	0
5	10	5	0
5	10	1	4
9	10	1	0
9	6	1	4
9	7	0	4
9	7	4	0
9	3	4	4
9	3	5	3
9	8	0	3
4	8	5	3
4	10	3	3

308 逃离古堡

题目中说少女把麻绳一分为二，大多数人会认为少女是把麻绳从中间截成两段，每段是原来的1/2，但是少女完全可以把麻绳搓开，然后竖着分为两部分，变成原来的1/2粗，然后把两段连接在一起，长度就变成原来麻绳的2倍，少女当然就能顺利地逃脱了。

309 吹口哨

四个人排列组合的方式如下：1234，2143，2413，4231，4321，3412，3142，1324，3124，1342，1432，4123，4213，2431，2341，3214，2314，3241，3421，4312，4132，1423，1243，2134，一共有24种组合方式。

310 小猪进猪圈

从题目中的对话能够得出，这个养殖户并没有说猪圈是空的，假设有一个猪圈里有一只小猪，那么他把其他15只小猪中的3只放进这个猪圈，然后其他12只平均放到3个猪圈里，刚好符合题意。

311 数数字

首先把卡片6和13换一下位置，然后从卡片14开始数，就能够拿走所有卡片。也可以把卡片10和14互换位置，然后从卡片16开始数。还可以把卡片6和8互换位置，然后从卡片19开始数。

312 神奇的计算

从题目中已知最后得出的总数是386，用它减去250，得到136的结果，由此能够得出三次所抛掷的点数是1、3、6。

313 打猎

一共有24只野兔，这个人打死了2/3，也就是16只，然后儿子打伤了剩下的3/24，也就是1只，很多人会认为还剩下7只，但是既然是“剩下”的，它们肯定也会被射杀，实际上它们已经跑了，而且那只受伤的野兔为了逃命，也会挣扎着逃走，所以“留下”的只有16只。

314 飞进盒子里的鸟

由于小鸟比空气重，所以它要是向下俯冲的话，就会明显增加盒子的重量。

315 汽车租赁

只需要10辆车，就能够满足奶奶的要求，下面我们把这个大家族的人按照从A到O编上字母序号，把10辆车也按照从1到10编上数字序号，然后来看下面的图表。

	1	2	3	4	5
第一天	ABC	DEF	GHI	JKL	MNO
	8	6	7	9	10
第二天	ADG	BKN	COL	JEI	MHF
	3	5	4	1	2
第三天	AJM	BEH	CFI	DKO	GNL
	7	6	8	9	1
第四天	AEK	CGM	BOI	DHL	JNF
	4	5	3	10	2
第五天	AHN	CDJ	BFL	GEO	MKI
	6	7	8	10	1
第六天	AFO	BGJ	CKH	DNI	MEL
	5	4	3	9	2
第七天	AIL	BDM	CEN	GKF	JHO

通过图表能够看出，没有两个家庭成员是重复组合过的，也没有一个人重复坐过一辆车。

316 拓展训练

在接下来的5天，9名员工可以按照以下表格进行组合：

第二天	268	591	374
第三天	617	942	835
第四天	148	257	693
第五天	729	364	815
第六天	431	582	976

317 过河谜题

首先两个妻子划船过河，然后回来一个人，接着一个丈夫过河，另一个妻子返回，然后两个妻子过河，一个妻子返回。接着另一个丈夫过河，另一个妻子返回。接着两个妻子再次过河，其中一个妻子返回接上两个孩子过河，一共往返11次。

318 硬币间的距离

如图所示，长方形纸板上最多能放13张圆形卡片。

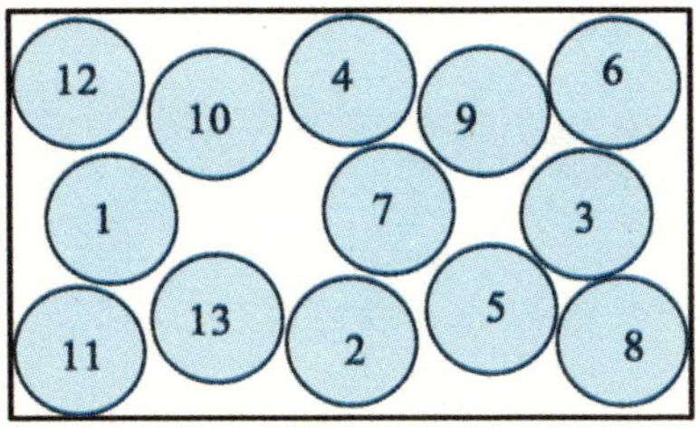

319 卖鲜牛奶

用 A 和 B 代表两个10斤的牛奶桶，4斤的容器用 C 表示，5斤的容器用 D 来表示，然后按照下面的顺序量取牛奶：

1.A——D，A 少了5斤牛奶。

2.D——C，D 只剩下1斤牛奶。

3.C——A，A 有9斤牛奶。

4.D——C，C 有1斤牛奶。

5.A——D，A 还剩4斤牛奶。

6.D——C，C 有4斤牛奶，D 有2斤牛奶。

7.C——A，A 里有8斤牛奶。

8.B——C，B 里有6斤牛奶。

9.C——A，A 有10斤牛奶，C 里还有2斤牛奶，D 有2斤牛奶，B 少了4斤牛奶。

320 升降谜题

这一家三口按照下面表格的顺序升降即可逃脱。

第一次，降下孩子，升起空篮。

第二次，空篮装物品降下，升起孩子。

第三次，孩子从篮中取出，妻子进篮降下，升起物品。妻子落地离篮。

第四次，降下孩子，升起空篮。

第五次，空篮装物品降下，升起孩子。已在地面的妻子取出降下的物品。

第六次，降下孩子，升起空篮。孩子落地离篮。

第七次，丈夫进空篮降下，妻子、孩子和物品一起进入篮子升起。丈夫落地离篮。

第八次，降下孩子，升起空篮。

第九次，空篮装物品降下，升起孩子。已在地面的丈夫取出降下的物品。

第十次，降下孩子，升起空篮。已在地面的丈夫取出降下的孩子，篮中装入物品。

第十一次，物品上升，降下妻子。妻子落地离篮，放孩子入篮。

第十一次，物品下降，孩子上升。已在地面的丈夫和妻子取出降下的物品。

第十二次，空篮上升，孩子入篮下降。孩子落地取出。

321 忙碌的送奶工

第一个小区送奶工送了64斤纯牛奶，第二个小区送了48斤纯牛奶，第三个小区送了36斤纯牛奶，第四个小区送了27斤纯牛奶。